SILVIA DANNE

Meinen Love Brands:

Meiner Familie & meinen Freunden

Inhalt

„DER WUNDER
GRÖSSTES IST
DIE LIEBE."

HOFFMANN VON
FALLERSLEBEN

Vorwort

In einer Welt mit extremen Unsicherheiten, permanenten Veränderungen, rasanten Entwicklungen in allen Lebensbereichen fühlen sich Kunden zu Unternehmen hingezogen, deren Mission, Vision und Werte ihren ureigenen Bedürfnissen nach sozialer, wirtschaftlicher und ökologischer Gerechtigkeit entsprechen. Sie bevorzugen Marken von Unternehmen, die sie nicht nur funktionell und emotional zufriedenstellen, sondern ihnen auch seelische Erfüllung bieten. Die Seele ist das philosophische und moralische Zentrum – auch des Marketings.

Marken benötigen daher für den langfristigen Erfolg neben dem Leistungsversprechen auch eine eindeutige, gelebte Werthaltung, über die wiederum eine wirkliche Beziehung zu der Marke entsteht. Doch es sind nicht nur die Werte, die die Seele berühren. Es sind darüber hinaus auch die Sinne, die inspirierende Kraft und bei manchen Marken auch die Spiritualität.

Genau hier liegt der Unterschied, ob ein Kunde eine Marke „nur" liebt oder sie auch lebt, sich mit ihr identifiziert und sie als Markenbotschafter in die Welt hinausträgt.

Die Kunden auf dieser übergeordneten Ebene, ja der spirituellen Ebene und der Beziehungsebene zu erreichen, das schafft keine „normale" Marke, das gelingt nur Marken, die für die Kunden auch Sinn stiften. Das gelingt nur Love Brands.

Viele Unternehmen warten und hoffen auf die totale Liebeserklärung der Kunden an ihre Marke. Darauf, dass eine tiefe emotionale Bindung zwischen Kunden und Marke mehr Umsatz und gute Renditen bringt. Darauf, dass sich die Kunden mit der Marke und deren Werte identifizieren und sich dies in zunehmenden Marktanteilen widerspiegelt.

Aber sie warten und hoffen vergebens. Sie begegnen einer neuen Welt mit alten Methoden und wundern sich, dass dies nicht funktioniert. Marktanteile gehen verloren und Kunden glauben den Heilsbotschaften des klassischen Marketings nicht mehr.

Und dennoch gibt es sie: Marken, die geliebt werden und deren Konsum als Sinnstiftung erfahren wird. Marken, die Kunden zu echten Markenbotschaftern machen. Marken, die nicht nur Glanz, Status und Nutzen, sondern vielmehr Sinn, Vertrauen und Glauben schenken. *Wie schaffen sie das? Warum werden diese Marken von den Kunden geliebt und intensiv weiterempfohlen, während andere verblassen und untergehen, obwohl sie einmal stark und strahlend waren?*

Marken sind das faszinierendste Thema, mit dem ich mich in den letzten 20 Jahren beschäftigt habe – zunächst während meines Studiums und meiner Promotionszeit bei Professor Meffert am Institut für Marketing in Münster, anschließend als Manager in unterschiedlichen Unternehmen und schließlich in zahlreichen Projekten für namhafte nationale und internationale Unternehmen und Konzerne in meiner Selbstständigkeit. Die Aufgabenstellungen, die dabei im Fokus standen, drehten sich immer um die Frage, wie sehr gute Marken noch erfolgreicher werden. Wie sie die Herzen der Kunden erobern. Wie sie noch begehrenswerter werden. Wie sie nicht nur erlebt, sondern auch gelebt und in das Leben der Kunden quasi als Glaubensbekenntnis integriert werden.

Die Welt des Marketing verändert sich grundlegend. In diesem Buch möchte ich meine praktischen Erkenntnisse und vor allem viele neue Antworten sowie Impulse weitergeben. Damit Ihre starke Marke auch in Zukunft stark bleibt und zu einer Love Brand wird.

Dabei werden in diesem Buch ganz neue Ansätze und Gedanken für das Marketing des nächsten Jahrzehnts entwickelt:

- *Was macht das Marketing 4.0 aus?*

- *Wie kommen Sie vom USP zur SSP, der Social Selling Proposition?*

- *Was bedeutet heute das Communiting als sinnvolle Ergänzung des Marketings mit seinen vier „Cs" – Community, Content, Communication und Culture.*

Alle diese Gedanken habe ich für das „Empowerment" Ihrer Marke entwickelt, damit ich zum zehnjährigen Jubiläum meiner Selbstständigkeit einmal mehr lebe, was der Sinn meiner Tätigkeit ist: „EMPOWERING YOUR BRAND".

Sie, liebe Leserinnen und Leser, begeben sich mit diesem Buch auf den Weg zu Ihrer Love Brand. Für jede einzelne Etappe bekommen Sie von mir wertvolle, innovative und teils provokative Impulse. Damit Sie Ihre Kunden auf einer besonderen Beziehungsebene erreichen und Ihre Marke Ihren Kunden Sinn stiftet. Damit Ihre Kunden Ihrer Marke eine Liebeserklärung machen. Damit Ihre Marke zu einer Love Brand wird.

Ihnen wünsche ich viel Freude beim Lesen und von ganzem Herzen eine erfolgreiche Umsetzung der dargelegten Gedanken.

Ihre

Dr. Silvia Danne

Palma, Juli 2015

Einleitung

Die Welt ist heute von Unsicherheit bestimmt. Sie steckt voller unbegrenzter Möglichkeiten. Mehr denn je suchen Menschen nach Orientierung und nach Sinn in ihrem Leben und Handeln. Sie suchen nach Angeboten von Unternehmen, deren Mission und Vision mit ihrem Wertesystem übereinstimmen. Dabei bevorzugen sie Marken, die sie nicht nur funktionell und emotional ansprechen, sondern mit deren Werten sie sich identifizieren. Sie suchen nach Marken, die ihnen einen Sinn stiften. Ihre Kunden wollen heute nicht mehr einfach ein Produkt oder eine Dienstleistung bei Ihnen erwerben, sondern eine Heimat, eine heile (Marken-)Welt.

Mit diesem Buch möchte ich Ihnen zeigen, wie Sie diese für Ihre Kunden schaffen können:

IM ERSTEN KAPITEL dreht sich alles um begehrenswerte Marken und was sie so besonders macht. Was die eine hat, was der anderen fehlt. Warum bei zwei ähnlichen Marken eine auf der Strecke bleibt, während die andere – ähnlich wie in einer Liebesgeschichte – die Herzen der Kunden im Sturm erobert. Dabei werden wir die unbewussten Prozesse, die beim Kauf eine Rolle spielen, beleuchten und den Erfolgsfaktoren begehrenswerter Marken auf der Spur sein.

IM ZWEITEN KAPITEL zeige ich Ihnen, wie Kunden Ihre Marke lieben lernen. Dazu stelle ich Ihnen die sechs Erfolgsfaktoren vor: motivierende Leidenschaft, faszinierende Innovationen, begeisternde Geschichten, gelebte Werte, bewegende Emotionen sowie die Nummer 1 zu sein und zu bleiben. Zu jedem Erfolgsfaktor finden Sie jeweils eine Anleitung, wie Sie diesen vorantreiben können. Die Erfüllung der Erfolgsfaktoren ist die Grundlage dafür, dass Ihre Marke eine Love Brand werden kann.

IM MITTELPUNKT DES DRITTEN KAPITELS, dem Herzstück dieses Buches, steht die Love Brand. Hier werde ich Sie in das Geheimnis einer ganzheitlichen Markenführung einweihen sowie die Notwendigkeit zur Entwicklung des Marketing 4.0 und der SSP, der Social Selling Proposition, aufzeigen. Sie werden erfahren, warum die Zeit reif ist für das Communiting mit seinen vier Cs – der Community, dem Content, der Communication und der Culture –, und wie Sie damit Ihre Marke zu einer Love Brand entwickeln. Eine Love Brand, die noch einmal eine Stufe über dem steht, was Marken bisher ausgezeichnet hat. Denn Love Brands erreichen im Gegensatz zu anderen Marken ihre Kunden auf einer ganz anderen Ebene. Welche – das werden Sie hier erfahren!

IM VIERTEN KAPITEL zeige ich Ihnen anhand von sieben erfolgreichen Best Practices, was Sie von diesen Marken auf Ihrem Weg zu einer Love Brand lernen können. Dabei geht es zunächst um verschiedenste Marken im B2C-Bereich, die es geschafft haben, generationenübergreifend eine Love Brand zu werden. Dass Love Brands aber auch im B2B-Bereich geschaffen werden können, zeigen Ihnen zwei weitere erfolgreiche Beispiele.

DAS FÜNFTE KAPITEL schlägt einen mutigen Bogen vom Marketing der vierten Generation zum Unternehmen der vierten Generation. Sie erfahren mehr über die Zukunft des Managements und der Führung sowie der Strategie und des Verkaufs in der nächsten Generation. Ein Ausblick auf die Entwicklung von Marketing und Management rundet die Ausführungen entsprechend ab.

Ich wünsche Ihnen viel Spaß beim Lesen dieses Buches sowie viel Energie und Freude bei der Entwicklung Ihrer Marke hin zu einer Love Brand! Wenn Ihre Kunden sich mit Ihrer Marke identifizieren, wenn sie ein starkes Zugehörigkeitsgefühl in der Markencommunity erfahren, so dass sie schließlich Botschafter Ihrer Marke werden, dann ist Ihnen der Erfolg sicher. Diesen Erfolg wünsche ich Ihnen von ganzem Herzen!

I

BEGEHRENSWERTE MARKEN – WAS SIE BESONDERS MACHT

Manche Marken haben das gewisse Etwas. Sie üben eine so große Anziehungskraft auf Kunden aus, dass diese niemals auf ihre geliebte Marke verzichten würden. Starke und begehrenswerte Marken geben Orientierung im Angebotsdschungel, sie stärken das Vertrauen, weil sie vertraut sind, sie lösen positive Emotionen aus, die wiederum die Kaufentscheidung beeinflussen. Je stärker die Bedeutung der Lieblingsmarke für den Kunden ist oder je exklusiver eine Marke inszeniert wird, desto mehr rückt der Preis in den Hintergrund. Lesen Sie, was begehrenswerte Marken so besonders macht und wie Kunden Ihre Marke lieben lernen.

Wohl kaum jemand vermag im Hinblick auf die Besonderheit von Marken schönere Worte zu finden als Dr. Florian Langenscheidt, der sich mit dem Thema Marken seit Jahrzehnten beschäftigt und auch Herausgeber der Publikationsreihe „Marken des Jahrhunderts" ist:

Expertengespräch mit
Dr. Florian Langenscheidt[1]

Dr. Florian Langenscheidt ist Verleger, Unternehmer und Autor zahlreicher Bücher. Als Ururenkel des Verlagsgründers Gustav Langenscheidt übernahm er diverse verlegerische und geschäftsführende Positionen in der Langenscheidt Verlagsgruppe, bis er 1994 freiwillig von der operativen Geschäftsführung zurücktrat. Seitdem reist er als „Botschafter des Herzens" durch die Welt und hält Vorträge über die Sinnfragen des Lebens, verfasst Bücher, moderierte eine Fernsehsendung fürs Bayerische Fernsehen, unterstützt als Business Angel junge Unternehmen und engagiert sich in der von ihm gegründeten Kinderorganisation „Children for a better world". Zudem beschäftigt sich Florian Langenscheidt seit Jahren intensiv mit dem Thema Marken. So ist er auch Herausgeber des Deutschen Markenlexikons.

Was das Besondere an Marken ist, umschreibt Dr. Florian Langenscheidt wie folgt: „Marken sind wie Macheten. Sie schlagen Schneisen durch den Dschungel des Warenangebots. Sie sind wie Mantras, die Türen öffnen zu inneren Räumen großer Erinnerungstiefe und Assoziationsintensität. Wenn Religion und Ideologie als sinnstiftende Systeme nicht mehr greifen, sind es manches Mal die Marken, die Identität verleihen und Sinn geben. Sie schenken Orientierung und Halt, sind Leitplanken auf den Autobahnen des

Konsumentenlebens. Sie transportieren Werte und machen diese erfahrbar, sie ermöglichen Gruppenzugehörigkeit und Individualität zugleich. Sie sind oft wichtiger als manch anderer Ausweis tief innen in der Brieftasche, da sie stolz und selbstbewusst durch den Raum der Öffentlichkeit schreiten und ohne übertriebene Bescheidenheit sagen: ‚Hier bin ich. Das bist du. Vergiss alles andere.' Marken markieren den Raum der Kaufentscheidungen. Sie sind Straßenschilder, Ampeln und Wegweiser zugleich. Sie signalisieren, wo man steht und wer man ist – natürlich nicht in einem umfassenden Sinne, aber doch als ein Element der Identität.

Marken sind Versprechen. Sie sichern mit Brief und Siegel Qualität und Tradition zu. Sie flüstern: ‚Ich bin aus gutem Hause. Bei mir kannst du keinen Fehler machen.' Sie versprechen außergewöhnliche Leistung und Perfektion in jedem Detail. Sie garantieren, dass niemand sonst dieses Produkt oder diese Dienstleistung besser machen oder erbringen kann. Das hat sie groß und mächtig gemacht, denn wer von uns hat schon Zeit, das riesige Angebot vor einer Kaufentscheidung zu durchforsten, um das Beste zu wählen? Insofern ersparen sie uns unendlich viel Zeit und machen die Marktwirtschaft erst effizient. Mehr als jede Versicherung geben sie das lebenswichtige Gefühl von Sicherheit und Vertrauen. Sie versprechen, dass man angesagt ist und die richtige Entscheidung im Leben zu treffen weiß. Sie entlasten von dem Risiko, etwas Falsches zu wählen, lächerlich zu wirken oder zum Umtauschschalter gehen zu müssen.

Marken sind aber auch Verheißungen eines spannenderen und aufregenderen Lebens, Sirenen im Meer der Kauflust. Sie versprechen Status und Prestige, Thrill und Glamour. Sie verführen uns und geben uns dieses herrliche Gefühl, das Beste, Schönste und Eleganteste gewählt zu haben. Sie transportieren Lifestyle und Libido zugleich."

Diese Bedeutsamkeit von Marken ist Markenverantwortlichen bewusst und genau deshalb fragen sie sich: Was ist der Königsweg zum langfristigen Markenerfolg? Welche Faktoren beeinflussen den Erfolg unserer Marke? Wie gelingt es, dass unsere Kunden unsere Marke lieben und nicht mehr auf sie verzichten möchten?

Was haben
die einen Marken,
was den
anderen
fehlt

Was hat die eine, was der anderen fehlt? Warum bleibt bei zwei ähnlichen Marken eine auf der Strecke, während die andere – ähnlich wie in einer Liebesgeschichte – die Herzen der Kunden im Sturm erobert? Im folgenden Kapitel geht es um diese Fragestellung.

Warum einige Marken begehrenswerter sind als andere

George Clooney schlürft seinen Kaffee, blickt dem Zuschauer tief in die Augen und raunt den legendären Satz: „What else?" Nicht nur Frauenherzen schlagen da höher. Liebhaber von exzellentem Kaffee fühlen sich ebenso angesprochen – von der Marke Nespresso, die das ultimative Kaffeeerlebnis verspricht. Oder nehmen Sie BMW Mini als weiteres Paradebeispiel für den Aufbau einer starken, begehrenswerten Marke: Autos sind im Hinblick auf technische Ausstattung und Komfort durchaus vergleichbar. Daher wählt BMW Mini den Weg, seine Autos zu Objekten der Begierde zu stilisieren, für die die Kunden auch gern einen höheren Preis zu zahlen bereit sind.

Sie fragen sich: Was macht die Anziehungskraft dieser beiden Marke aus, die – teils jenseits rationaler Überlegungen – zur Kaufentscheidung und zu einer ausgesprochen starken Markenbindung führt? Wie kann es sein, dass den Kunden die Marke eines Unternehmens stark anspricht, während eine ähnliche Marke völlig uninteressant ist?

Kunden zahlen mehr für Marken mit einer hohen Anziehungskraft!

In der freien Wirtschaft werden viele Me-too-Produkte und Dienstleistungen angeboten, die einander bzw. ihrem Vorbild sehr ähnlich sind. Bei derartigen Angeboten besteht immer eine hohe Preissensibilität. Anders ist dies dagegen bei Marken, die von den Kunden regelrecht geliebt werden: Marken, die eine hohe Anziehungskraft auf die Zielgruppe haben, können jenseits der üblichen Preisschwellen angeboten werden. Hier sind die Kunden bereit, das Mehrfache zu zahlen!

Nehmen Sie die Automobilbranche als Beispiel. Christian von Koenigsegg, Kfz-Hersteller in Schweden, hat seinen Anspruch wie folgt formuliert:

MARKEN, DIE EINE HOHE ANZIEHUNGSKRAFT HABEN, KÖNNEN JENSEITS DER ÜBLICHEN PREISSCHWELLEN ANGEBOTEN WERDEN.

„We manufacture exclusive super sports cars for a select elite of enthusiasts!" Und Porsche definiert auf seiner Website: „Porsche baut nicht einfach nur Sportwagen. Porsche ist mehr. Viel mehr. Und Porsche ist anders." Dass Porsche anders ist, zeigen die jüngsten Entwicklungen im Schwabenland.

Mit dem neuen 918 Spyder stößt Porsche in ein ganz neues Segment vor, das bisher noch nicht bedient wurde. Es handelt sich um eine neue Dimension eines Hybrid-Fahrzeugs: einen zweisitzigen Supersportwagen mit einer Roadster-Karosserie. Porsche übertrug mir die Projektleitung für die weltweit einzige Sneakpreview für einen Prototypen des 918 Spyder, zu der hundert ausgewählte Kunden eingeladen waren. Die Faszination des Fahrzeugs war auf den ersten Blick offensichtlich. Der Listenpreis ab 750.000 Euro schien keinen der anwesenden Gäste zu schockieren. Männer jeden Alters – Manager, Unternehmer und Privatiers – hatten allesamt leuchtende Augen. Sowohl bei der Präsentation des Fahrzeugs als auch bei dem anschließenden „Anfassen" und Probesitzen war die Begeisterung unter den Anwesenden spürbar.

Nach auffälligen Fahrzeugen drehen sich Menschen genauso um wie nach attraktiven Menschen. Sicher ist Ihnen das auch schon einmal aufgefallen. Faszinierend, nicht wahr? Was ist es, was dahinter steckt?

Was die Herzen der Kunden höher schlagen lässt

Aufmerksamkeit erregen jedoch nicht nur schöne Fahrzeuge oder Menschen: Reisende in der Bahn oder im Flieger recken etwa auch die Hälse, wenn ein Mitreisender ein brandneues Produkt mit einem Apfel-Logo auspackt.

Der von Innovationen getriebene iMythos

Auch wenn Wettbewerber Apple derzeit ganz schön auf den Fersen sind bzw. zum Teil vielleicht auch bereits überholt haben: Kein anderer Hersteller hat es so wie Apple in der Vergangenheit geschafft, die innovativsten und dennoch simpel zu bedienende Produkte auf den Markt zu bringen.

Angefangen beim iPod, der mittlerweile eine Gattungsbezeichnung für MP3-Player ist, über das iPhone und das iPad bis hin zum AppleTV und zur AppleWatch. Auch das Apple Betriebssystem Mac OS ist im Vergleich zu Windows benutzerfreundlicher und hat weitaus weniger Fehler sowie Hacker- und Virenangriffe zu verbuchen. Das iPad wird von Apple als die Zukunft der medialen Nutzung gesehen.

Und diese Einschätzung wird von Millionen Apple-Anhängern bestätigt, die nicht nur dem iPad, sondern sämtlichen Produkten des Unternehmens derart ergeben sind, dass das Nachrichtenmagazin Spiegel bereits im Sommer 2010 eine Titelgeschichte zum „iKult" veröffentlichte: Der Aufmacher zeigt das Unternehmenssymbol, einen angebissenen Apfel, an einem paradiesischen Baum hängen, nach dem sich gierige Hände recken. Untertitel: „Wie Apple die Welt verführt!"

Apple hat als Marke eine unglaubliche Anziehungskraft. Die Kunden lieben diese Marke und legen eine Markentreue an den Tag, von der andere Hersteller nur träumen können.

Die leidenschaftlich inszenierte Barista-Story

Kehren wir zu dem Eingangsbeispiel zurück und betrachten dieses ein wenig genauer. Der Erfolg von Nespresso wird getrieben von kontinuierlichen Innovationen, einer einzigartigen Produktinszenierung, dem hohen Grad an Emotionalisierung und auch durch sein Testimonial George Clooney, der bereits seit einigen Jahren den geliebten Kaffee sowohl online als auch offline schlürft.

Die Geschichte begann mit einer einfachen, aber bahnbrechenden Idee: Jeder kriegt einen Espresso so gut hin wie ein Barista. Aber das ist nur die halbe Wahrheit. Die revolutionäre Idee des Schweizer Lebensmittelkonzerns bestand nicht nur darin, Kaffee in kleinen Aluminiumkapseln zu portionieren – und dann sehr viel teurer zu verkaufen als je zuvor. Das Herzstück des Konzepts ist die sogenannte Nespresso-Trilogie: portionierter Grand-Cru-Kaffee für jeden Geschmack, eine Fülle an cleveren, stilvollen, einfach handzuhabenden Kaffeemaschinen und exklusiver Kundenservice über den Nespresso Club.

Das Unternehmen setzt konsequent auf ein Luxusimage: Die Kaffeekapseln werden vorwiegend in eleganten Nespresso-Boutiquen oder über das Internet an die Mitglieder des Nespresso Clubs verkauft. Das Unternehmen Nestlé Nespresso S.A., das 1986 in der Schweiz als autonomes, global gemanagtes Geschäft innerhalb der Nestlé-Gruppe gegründet wurde, ist mittlerweile Weltmarktführer im Bereich des portionierten Premium-Kaffees und generiert seit dem Jahr 2000 jährliche Wachstumsraten von 30 Prozent. Sicherlich ist daran George Clooney nicht ganz unschuldig. Der überwiegende Teil der Kaufentscheider für Kaffeemaschinen sind Frauen. So kaufen sie nicht nur eine gute Kaffeemaschine und praktische Kaffeekapseln, sondern George Clooney für daheim gleich mit ein. Und das, obwohl es seit Herbst 2014 in den auf Storytelling basierenden Spots gar nicht mehr darum geht, wie der einstmals begehrteste Junggeselle der Welt sich seiner weiblichen Fans erwehrt, sondern um ein freundschaftliches, amüsantes Duell mit dem Schauspielkollegen Jean Dujardin. Dabei gelingt es Jean zunächst, George reinzulegen, der jedoch am Ende lächelnd den Kampf um die Nespressokapsel gewinnt. Mit diesen Spots spielt Nespresso darauf an, dass trotz des generell härter gewordenen Wettbewerbs, u.a. auch durch die von der französischen Wettbewerbsbehörde erzwungene Öffnung seiner Kaffeemaschinen auch für Kapseln anderer Hersteller, Nespresso den Standard im Kapselmarkt setzt.

Der von Emotionen beflügelte Energy-Drink

Auch der Energy-Drink, der nahezu auf der gesamten Welt Flügel verleiht,[2] ist eine der Marken, deren Anziehungskraft die Konkurrenzprodukte – und davon gibt es nicht wenige – überstrahlt. Red Bull macht sich vor allem das Ego der Männer zunutze: Männer wollen besser sein als andere und genau das verspricht Red Bull. Die belebende Wirkung, dieses „Besser-sein-als-andere", wird vor allem auf Extremsportarten übertragen. Also sponsert Red Bull Basejumper, Klippenspringer, Stunt- und Flugshows. Der größte Sportsponsor investiert weit mehr als eine Milliarde Euro weltweit in weit über 500 coole Sportler. Auch davon fühlen sich in erster Linie Männer angesprochen. Wer will schließlich nicht cool sein? Und wenn dann auch noch ein Held aus dem Weltall mit dem Fallschirm auf die Erde springt, so wie es Felix Baumgartner wagte, dann besteht kein Zweifel daran, dass Red Bull wirklich Flügel verleiht.

Der Erfolg ist offensichtlich: Jährlich werden über fünf Milliarden Red-Bull-Dosen konsumiert. Mit knapp 10.000 Mitarbeitern in über 160 Ländern wird ein Umsatz von über fünf Milliarden Euro erwirtschaftet, wovon ein Drittel des Budgets ins Marketing fließt. Damit jedoch nicht genug – zumindest nicht für den Red-Bull-Gründer Dietrich Mateschitz. Sein Ziel ist, Red Bull zu einer Lifestylemarke wie Porsche oder Chanel zu entwickeln. Red Bull soll aber nicht „nur" für einen Energy-Drink stehen, sondern für ein Gefühl, für eine emotionale Befindlichkeit, mit der neue Produktreihen erschlossen werden. Sowohl der von A1 Telekom angebotene Mobilfunkvertrag unter dem Namen Red Bull Mobile als auch vor allem das eigens produzierte, sehr hochwertige Lifestylemagazin Red Bulletin und der eigene TV-Sender Servus TV sind konsequente Schritte auf diesem Weg.

Eines haben die genannten Marken alle gemeinsam: Sie sind innovativ und Marktführer in ihrem Segment, sie erzählen ihre Geschichte, sind emotional und verführen die Kunden nach allen Regeln der Kunst. Diese Erfahrung hat jeder schon einmal gemacht. Der Wunsch, eine anziehende Marke zu besitzen und sich damit zu umgeben, ist dann oftmals kein bewusst gesteuerter Prozess mehr. Jenseits von rationalen Argumenten läuft die Kaufentscheidung vielmehr im Unbewussten ab.

Die Macht des Unbewussten

Von der Psychologie und der Hirnforschung wurde bestätigt, dass die subliminale, also unterschwellige Wahrnehmung Einfluss auf das Kaufverhalten nimmt. Dabei wird kontrovers diskutiert, wie stark deren Wirkung ist. Eines steht für die Hirnforschung jedoch fest: Kaufentscheidungen werden weder bewusst noch rational, sondern emotional getroffen!

Wenn Emotionen die Kaufentscheidung regulieren

Ob Apple oder Microsoft, Pepsi oder Coca-Cola, nutella oder Nusspli – eine Online-Umfrage der absatzwirtschaft im Jahr 2015 bestätigt, dass die Psychologie bestimmt, wer den Wettbewerb gewinnt.[3] Die Einsichten der Psychologie betreffend die Bedeutung von Emotionen für Kaufentscheidungen wurden in den letzten Jahren durch wichtige Erkenntnisse der modernen Hirnforschung ergänzt. Das Neuromarketing, eine noch relativ junge Forschungsrichtung, die sich seit Mitte der 1990er-Jahre entwickelt hat[4], liefert hierbei einen wichtigen Beitrag.

Demnach sind Objekte (also auch Produkte, Dienstleistungen und damit auch Marken), die keine Emotionen auslösen, für das Gehirn eher wertlos. Je stärker die positiven Emotionen sind, die von einer Marke ausgelöst werden, desto wertvoller ist die Marke für das Gehirn und desto höher ist die Bereitschaft des Konsumenten, diese zu kaufen und damit anderen vorzuziehen.

Weitere Erkenntnisse liefert in diesem Zusammenhang eine mehrjährige Forschungsarbeit von Dr. Hans-Georg Häusel. Er verknüpfte alle Erkenntnisse der Hirnforschung mit bestehendem Wissen der Psychologie und umfangreichen eigenen neuropsychologischen Untersuchungen unter dem Namen Limbic® zu einem Emotions-Gesamtmodell (der Name liegt darin begründet, dass der Sitz aller Emotionen und Motive in unserem Hirn das limbische System ist).[5] Die Limbic®-Map versucht verständlich und nachvollziehbar darzustellen, was im Kopf des Kunden wirklich vorgeht. Dazu bringt sie Emotionsmodelle und Werte (wie zum Beispiel Vertrauen, Ehrlichkeit, Perfektion, Zuverlässigkeit, Mut) zusammen, da Werte immer einen emotionalen Kern haben. Ihr Emotionsgehalt gibt Werten Wert.

Emotionsmodule beeinflussen unser Kaufverhalten.

Bereits in meinem Medizinstudium an der RWTH-Aachen durfte ich lernen, dass die Emotionssysteme den großen Verhaltens-, Bewertungs- und Zielrahmen des Menschen vorgeben, die Motive hingegen in der Regel meist viel konkreter in ihrer Raum-, Zeit- und Objektausrichtung sind. Motive können damit als konkrete Umsetzung der Emotionssysteme in das tägliche Leben verstanden werden. Im Mittelpunkt aller Motiv- und Emotionssysteme stehen die sogenannten physiologischen Vitalbedürfnisse eines Menschen wie Nahrung, Schlaf und Atmung. Neben diesen Vitalbedürfnissen gibt es drei große Motiv- und Emotionssysteme, die für das Kaufverhalten von sehr hohem Interesse sind: das Balance-, das Dominanz- und das Stimulanzsystem.

Neben diesen „Hauptsystemen" haben sich im Laufe der Evolution eine Reihe zusätzlicher Emotionsmodule entwickelt, die auch auf das Kaufverhalten entsprechenden Einfluss ausüben. Sie befinden sich innerhalb oder zwischen den Hauptsystemen und ermöglichen eine noch bessere Anpassung des Menschen an seine Umwelt. Diese sogenannten Submodule sind das Bindungsmodul, das Fürsorgemodul, das Spielmodul, das Jagd- und Beutemodul, das Raufmodul, das Appetit- und Ekelmodul sowie „last but not least" das Sexualitätsmodul.

Das Sexualitätsmodul beispielsweise ist nicht annähernd so wichtig wie das Balance-, das Dominanz- und das Stimulanzsystem, steht aber in enger Verbindung mit dem Motiv- und Emotionsprogramm. Denn Emotionsschwerpunkte werden von Hormonen verstärkt und verändern damit unbewusst Neigungen sowie Interessen für Marken und bestimmen somit auch die Leidenschaft.[6] Genauso wie sich Sexualität in vielen Emotionssystemen wiederfindet, hinterlässt sie auch im Konsumverhalten eine deutliche Spur – und das geschlechtsspezifisch. Das können Sie besonders gut bei Frauen im Zusammenhang mit Produkten aus der Kosmetik-, Mode- und Schmuckbranche beobachten sowie bei Männern, wenn es um Autos geht – wie zuvor am Beispiel des Porsche 918 Spyder gezeigt.

Exklusivität und Geschichten treiben den Preis nach oben

Der Wunsch nach Status und Prestige entstammt unserem Dominanzsystem. Hier gilt – wie für alle anderen Emotionssysteme: Man kann davon nie genug haben.[7] Hat man sich zum Beispiel gerade an ein Strenesse-Kleid gewöhnt, fällt alsbald der Blick auf Marken wie Missoni und danach wird es Zeit für ein exklusives maßgeschneidertes Kleid. Beim Auto sind wir beispielsweise zunächst mit einem Audi zufrieden, liebäugeln dann aber schon bald mit einem Porsche, bevor es Zeit für einen Aston Martin wird. Je „höher hinaus" ein Konsument will, desto mehr Exklusivität und damit Ausschluss von anderen verlangt er. Je mehr Exklusivität versprochen wird, umso mehr ist der Kunde bereit, dafür zu zahlen. Das ist auch der Grund, warum jemand einen fünf- oder sogar sechsstelligen Betrag in eine Uhr investiert, die es nicht überall zu kaufen gibt, sondern nur bei ausgewählten Juwelieren, die diese edlen Luxusmarken führen dürfen. Dabei bedürfen solch teure Uhren einer ähnlichen Inszenierung (mechanisches Prinzip, Genauigkeit, Materialien etc.) wie der teure und exklusive Wein (Winzer, Anbauart, Lage, Trauben etc.). Deshalb müssen zur Funktion und zum Status auch die Geschichte und der Mythos mitgeliefert werden.

Den
Erfolgsfaktoren
auf der

Spur

Im vorherigen Kapitel haben wir gesehen: Viele Kaufentscheidungen werden sehr stark durch Emotionen bestimmt. Sie
werden weit weniger rational getroffen, als lange vermutet
wurde. Die Hirnforschung konnte nachweisen, dass Marken
dann besonders erfolgreich sind, wenn sie starke Emotionen auslösen. Nun wollen wir diesen Merkmalen auf die
Spur kommen.

Liebesbeziehungen zwischen Marken und Kunden

Das Wort „Liebe" hat in der Kommunikation von Unternehmen lange Zeit keine Beachtung gefunden. Vielleicht deshalb, weil man sich nicht traute, ein so „besonderes" Wort, das eine spezielle zwischenmenschliche Beziehung beschreibt, für wirtschaftliche Zwecke zu verwenden.

Doch das offene Bekenntnis von Kunden, dass sie ihre Marken lieben, hat die Nutzung des Wortes im wirtschaftlichen Kontext legitimiert. So haben gerade auch in den letzten Jahren Werbeslogans und Claims wie „Is it Love" von Mini, „I'm lovin' it" von McDonald's oder „Wir lieben Lebensmittel" von Edeka in der Kommunikation von Unternehmen Einzug gehalten.

Liebesbeziehungen zwischen Marken und Kunden sind möglich. Das bestätigt auch Kevin Robert, CEO Worldwide von Saatchi & Saatchi, in seinen Publikationen „Lovemarks" und „The Lovemarks Effect"[8]. Im Buch „The Lovemarks Effect" zeigt er auf, dass „Lovemarks" von Unternehmen und Kunden gleichermaßen ins Herz geschlossen werden.

Dass sich diese Markenliebe auszahlt, belegt eine Studie von Langner, Fischer und Kürten. Diese zeigt, dass im Vergleich zu gemochten Marken bei geliebten Marken die Markenloyalität, die Zahlungsbereitschaft und auch die Weiterempfehlungsquote bedeutend höher sind[9] (siehe Abbildung rechts).

Aber was macht Markenliebe aus? Wie schaffe ich es, dass meine Kunden meine Marke lieben?

| GEMOCHTE MARKE | GELIEBTE MARKE |

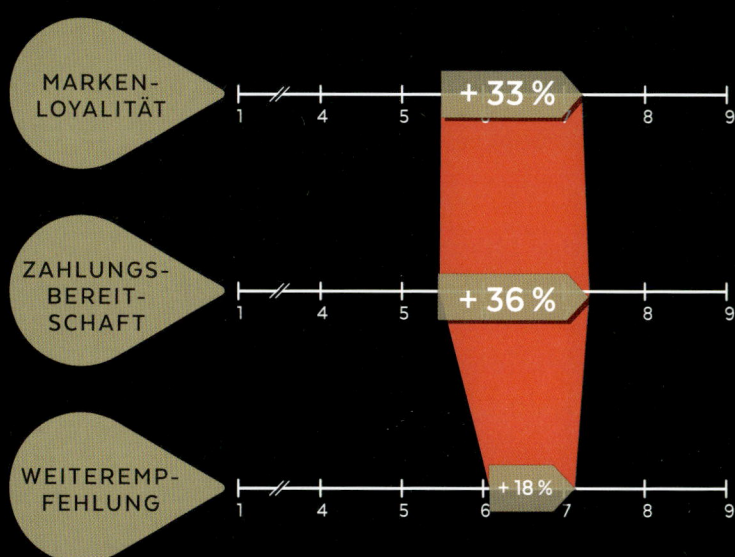

MARKEN-LOYALITÄT

1 — 4 — 5 — **+ 33 %** — 8 — 9

ZAHLUNGS-BEREIT-SCHAFT

1 — 4 — 5 — **+ 36 %** — 8 — 9

WEITEREMP-FEHLUNG

1 — 4 — 5 — 6 **+ 18 %** 7 — 8 — 9

Markenliebe zahlt sich aus (in Anlehnung an Langner, Fischer, Kürten 2009)

Wie Kunden Ihre Marke
lieben lernen

Bringt man die genannten Beispiele auf einen Nenner und komprimiert man die vorangegangenen Ausführungen auf das Wesentliche, so lassen sich aus meiner Sicht vor allem sechs Erfolgsfaktoren ableiten, die dazu führen, dass Kunden Marken lieben lernen:

Zu allererst spielen *Emotionen* für den Erfolg von Marken eine besondere Rolle. Kaufentscheidungen werden sehr stark durch Gefühle bestimmt und weit weniger rational getroffen, als lange vermutet. Die Hirnforschung konnte nachweisen, dass Marken dann besonders erfolgreich sind, wenn sie starke positive Emotionen auslösen.

Marken – so zeigt uns Florian Langenscheidt bereits in seinem Eingangszitat auf – geben uns Orientierung. Da unser Leben von vielen Unsicherheiten geprägt ist, schätzen Konsumenten solche Unternehmen, deren Mission und Vision mit ihren Werten übereinstimmen. Dieses *Bewusstsein* führt dazu, dass sie Marken von Unternehmen favorisieren, die sie nicht nur funktionell und emotional ansprechen, sondern die mit ihrem Wertesystem konform gehen.

Werte werden durch gute Geschichten übertragen. Geschichten – so haben Sie erfahren – emotionalisieren, sie geben Sinn, und Sinn schafft wiederum Wert. Genau deshalb sind Kunden bereit, für Marken mit einer guten Geschichte ein Vielfaches zu bezahlen als für vergleichbare Wettbewerbsprodukte, die eben nicht mit einer entsprechenden Geschichte versehen sind. Geschichten bzw. *Erzählungen* bestimmen das Image einer Marke, das wiederum auf die Emotionsschwerpunkte im Gehirn Einfluss hat.

Emotionsschwerpunkte, wie im Kapitel „Die Macht des Unbewussten" erläutert, werden von Hormonen verstärkt, die damit unbewusst Neigungen sowie Interessen für Marken verändern und somit auch die

Leidenschaft bestimmen. In der Regel ist zu beobachten, dass sich die Leidenschaft eines Mitarbeiters, die dieser für „seine" Marke empfindet, auch auf das Produkt bzw. die Dienstleistung und den Markt – sprich den Kunden – überträgt. Hierzu aber mehr in Kapitel II.

Gerade wenn Mitarbeiter leidenschaftlich für ihre Marke arbeiten, treiben sie den Innovationsprozess der Marke permanent voran. Nicht nur weil sie wissen, dass sich eine Marke ständig neu erfinden muss, um am Markt langfristig erfolgreich zu sein. *Innovationen* sind feste Bestandteile der Markenwelt, sie sind eine lebendige Verbindung zwischen Tradition und Zukunft. Sie sind das dynamische Element der Marken, die sich ständig verändern. Genauso wie die damit verbundenen Emotionen.

Sowohl durch Innovationen als auch durch die zuvor aufgezeigten grundlegenden Erfolgsfaktoren wie Emotionen, Bewusstsein, Erzählungen und Leidenschaft schafft es eine Marke, sich langfristig gegenüber dem Wettbewerb, vor allem aber in den Köpfen der Konsumenten als *Nummer 1* zu positionieren. Der Status als Leader hat im Anschluss wiederum Einfluss auf die anderen, zuvor genannten Erfolgsfaktoren und verstärkt diese.

Auf die Hintergründe und die Besonderheiten dieser sechs Erfolgsfaktoren werden wir im nächsten Kapitel näher eingehen. Dabei möchte ich Ihnen zeigen, wie Ihre Marken begehrenswerter werden. Zur leichteren Erinnerung der sechs Erfolgsfaktoren habe ich diese in einer Reihenfolge angeordnet, die das ausdrückt, was sie bewirken sollen, nämlich dass Kunden Ihre Marken lieben! Diese Voraussetzung muss erfüllt sein, bevor Sie im zweiten Schritt aus Ihrer Marke eine „Love Brand" entwickeln können. Eine Love Brand – und das werde ich Ihnen im weiteren Verlauf dieses Buches zeigen – zeichnet sich dadurch aus, dass die Kunden die Marke nicht nur konsumieren, sondern sie auch wirklich erleben und leben, sich mit ihr identifizieren. Wenn Ihre Kunden zu Markenbotschaftern werden, dann wird Ihre Marke zu einer Love Brand. Aber bevor wir uns in Kapitel III damit beschäftigen, wie Sie es mit Marketing 4.0 und Communiting schaffen, Ihre Kunden zu Markenbotschaftern zu entwickeln, geht es zunächst darum, die Grundlagen zu schaffen.

LEIDENSCHAFT,
DIE MOTIVIERT

INNOVATIONEN,
DIE FASZINIEREN

ERZÄHLUNGEN,
DIE BEGEISTERN

BEWUSSTSEIN,
DAS WERTE SCHAFFT

EMOTIONEN,
DIE BEWEGEN

NUMMER 1 SEIN
UND BLEIBEN

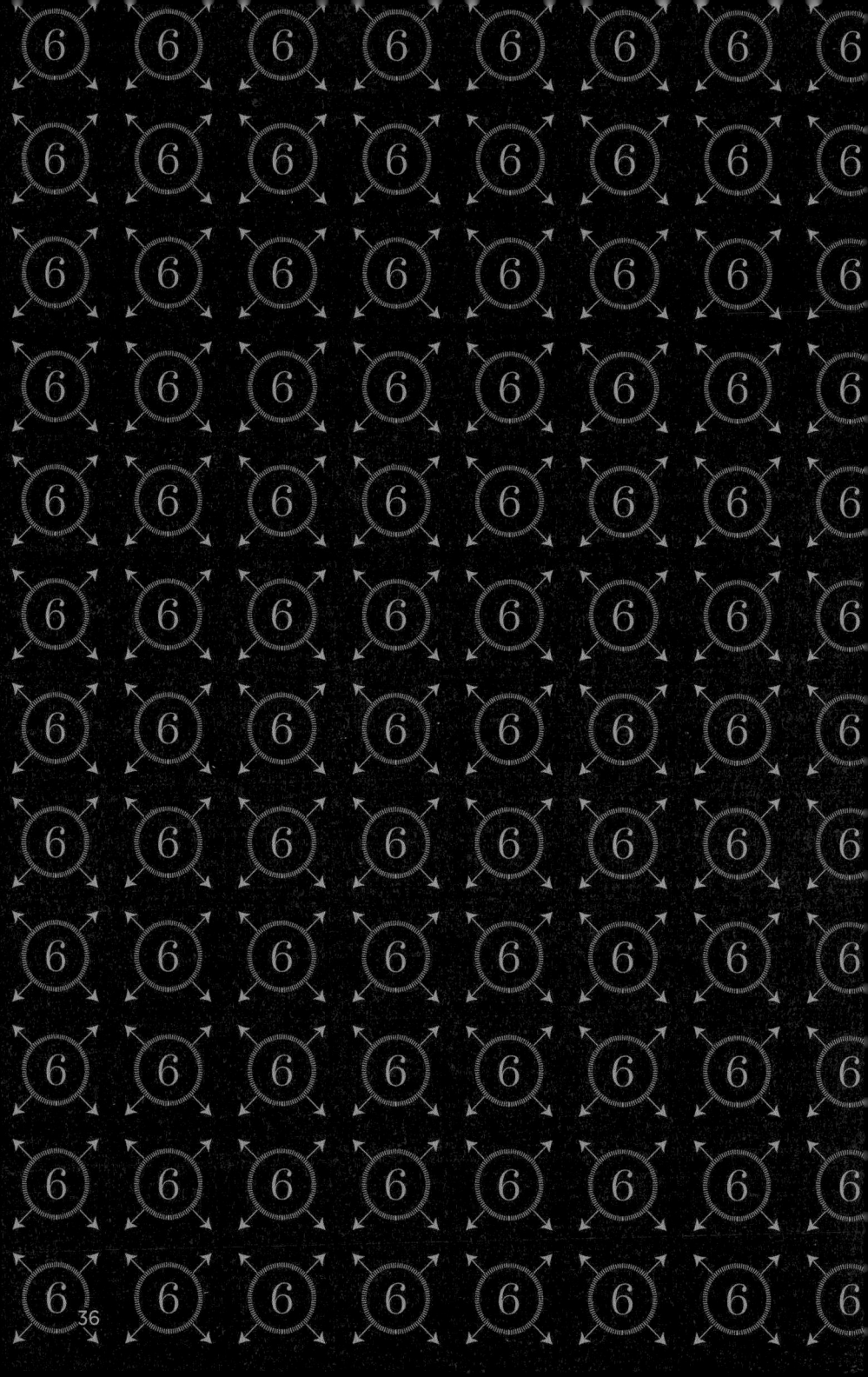

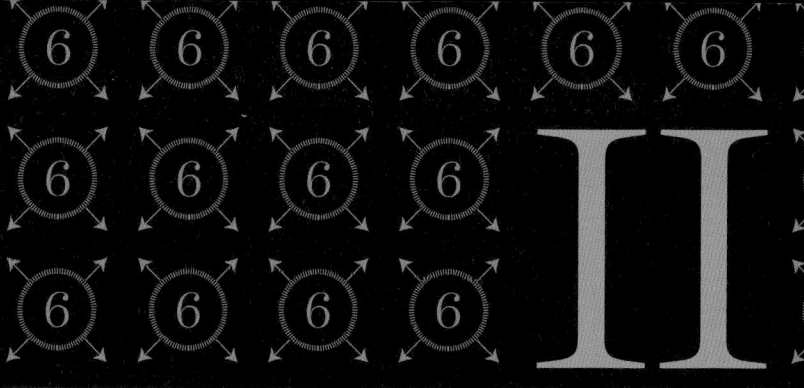

SO LIEBEN KUNDEN IHRE MARKE: DIE SECHS ERFOLGSFAKTOREN

Die Grundvoraussetzung für eine Love Brand ist, dass die Marke von Ihren Kunden geliebt wird. Wie im vorangegangenen Kapitel dargestellt, bedarf es dazu der folgenden sechs Erfolgsfaktoren:

- Leidenschaft, die motiviert
- Innovationen, die faszinieren
- Erzählungen, die begeistern
- Bewusstsein, das Werte schafft
- Emotionen, die bewegen
- Nummer 1 sein und bleiben

Auf diese Erfolgsfaktoren, die nicht isoliert voneinander zu sehen sind, sondern sich teilweise gegenseitig beeinflussen, will ich im Folgenden näher eingehen. Dabei möchte ich Ihnen selbstverständlich auch zeigen, wie Sie die Voraussetzungen schaffen, um Ihre Marke zu einer Love Brand werden zu lassen.

Leidenschaft, die moti

viert

„Wenn Sie keine Leidenschaft verspüren,
dann haben Sie keine Energie,
und wenn Sie keine Energie haben,
dann haben Sie gar nichts."

Donald Trump

Es gibt Menschen, die machen alles ein bisschen. Ein bisschen Sport, ein bisschen Diät, ein bisschen Arbeit, ein bisschen Weiterbildung, ein bisschen Kreativität, ein bisschen Marketing. Kommt Ihnen das bekannt vor? Tätigkeiten oder Aktivitäten werden auf Sparflamme betrieben, aber von flammender Begeisterung keine Spur? Dann wissen Sie: Das fühlt sich oft lau an und bringt einen kaum weiter.

Andere Menschen wiederum geben alles. Ich denke hier zum Beispiel auch an meinen Freund, der hingebungsvoll Golf spielt. Er wird zwar niemals so gut sein wie Tiger Woods, dafür stimmt er mit dem Autor Stefan Maiwald darin überein, dass „Golf nichts weniger als eine Droge, ein ewig während Trip, eine aberwitzige Achterbahnfahrt voller adrenalinbefeuerter Emotionen"[10] ist.

So wie ihm keine Mühe zu groß ist, um Golf spielen zu können, so gibt es Menschen, denen kein Weg zu weit ist, um ein bestimmtes Produkt zu erwerben. Sie campieren stundenlang bei Wind und Wetter im Freien und versammeln sich mit Hunderten anderer vor den Apple-Stores dieser Welt, nur um als eine der Ersten das neueste iPhone zu erwerben. Wenn ich hier an Apple denke, dann denke ich selbstverständlich auch an die legendäre, sehr leidenschaftliche und bewegende Rede des Apple-Gründers Steve Jobs am 12. Juni 2005 vor den Absolventen der Stanford-Universität. Er hatte damals gerade eine erfolgreiche Krebsbehandlung überstanden und sprach sehr offen über sein Leben, das stets von Leidenschaft geprägt war. So verwundert es nicht, dass er die Absolventen zum Abschluss aufforderte: „*Stay hungry! Stay foolish!*" Jemand wie Steve Jobs, der seinen Job mit derartiger Leidenschaft ausgeübt hat, „infiziert" auch seine Teams, seine Mitarbeiter. Und ist erst einmal das gesamte Unternehmen „infiziert", so werden auch die Kunden mit diesem „Leidenschaftsvirus" angesteckt werden können. Dass Apple dies geschafft hat, ist offensichtlich.

Um die Leidenschaft für eine Marke auf den Kunden übertragen zu können, bedarf es der Leidenschaft im Unternehmen. Aber woher kommt sie? Wie können wir sie entzünden?

Die Leidenschaft wecken

Seit Jahrhunderten setzen sich Dichter und Denker mit Leidenschaft auseinander. „In dir muss brennen, was du in anderen entzünden willst", war sich der Regierungssprecher Augustinus Aurelius bereits 354 nach Christus am römischen Kaiserhof sicher. *„Nichts Großes in der Welt geschieht ohne Leidenschaft"*, benennt Georg Wilhelm Friedrich Hegel, der große Philosoph des Deutschen Idealismus, die Schöpfungskraft der Leidenschaft. Für den französischen Schriftsteller Jean-Jacques Rousseau sind Leidenschaften „die Stimmen des Körpers". Kurz und knapp bringt es Immanuel Kant auf den Punkt: *„Ich kann, weil ich will, was ich muss."*

Als stärkste unter den menschlichen Gefühlen ist die Leidenschaft Triebkraft von Beziehungen, Soap-Operas, Wettkämpfen, Innovationen und Ideen. Leidenschaft prägt unser Alltagsleben genauso wie die Welt der Kunst, der Politik, der Wirtschaft, der Wissenschaft und des Sports. Sie ermöglicht die erstaunlichsten Leistungen und feuert jeden an, der sie zulässt. Leidenschaften sind unser Antrieb, ein Teil von uns. Wer sie lebt, versetzt sich nicht selten in eine Art Rauschzustand, lässt sich von Schwierigkeiten nicht aufhalten, sondern überwindet sie.

Im Sport sind Höchstleistungen erst durch Begeisterung und Leidenschaft möglich. *„Spitzensportler"*, so schreiben Handball-Nationalspieler Heiner Brand und Persönlichkeitstrainer Jörg Löhr, *„wissen, dass Leidenschaft Flügel verleiht, und schaffen es immer wieder, sich für das wöchentliche Punktespiel, den Wettkampf oder die Highlights des Jahres zu motivieren ... Spitzenleistungen sind kein Zufall, sondern die beinahe logische Konsequenz bestimmter Prinzipien, zu denen Leidenschaft zwingend gehört."*[11]

Nun ist nicht nur jener leidenschaftlich, der schäumend mit geballten Fäusten sein Ziel verfolgt. Enthusiasmus funktioniert auch weniger angriffslustig, wie andere Fachbereiche zeigen.

ENTSCHEIDEND IST, DASS
LEIDENSCHAFT IMMER MIT
DERSELBEN INTENTION VERFOLGT
WIRD: DER HUNDERTPROZENTIGEN
IDENTIFIKATION MIT DEM
EIGENEN TUN.

Bei Abenteurern wie dem Wüstenwanderer Achill Moser und dem Weltumsegler Wilfried Erdmann ist die Identifikation mit dem eigenen Tun offensichtlich. Beide haben ihre Sehnsucht leidenschaftlich ausgelebt und in einem gemeinsamen Buch festgehalten[12]. Für Achill Moser „wurden die Weiten aus Sand und Stein zur Droge". Er durchwanderte zu Fuß oder per Kamel 25 Wüsten und verbrachte 2.000 Tage in der Einöde. Während Wilfried Erdmann der „Faszination des Meeres erliegt und als erster Deutscher ganz allein die Weltmeere in 343 Tagen durchsegelte".

Auch der britische Unternehmer James Dyson, der Erfinder und Begründer der Marke Dyson, ist ein Beispiel für jemanden, der sich vollständig mit dem identifiziert, was er macht. Der Ärger über seinen Staubsauger, dessen Saugleistung mit steigender Beutelbefüllung stets nachließ, brachte ihn auf die Idee, selbst einen Staubsauger mit hoher, konstanter Saugkraft für alle Bodenbeläge zu erfinden. Wie viele andere Erfinder wurde auch Dyson nicht von Misserfolgen verschont. Diese waren für ihn ein unverzichtbarer Motor und Nervenkitzel, unermüdlich weiter zu experimentieren und nicht aufzugeben. „Ich liebe Fehlschläge", sagte Dyson gegenüber der Frankfurter Allgemeinen Zeitung.[13] Nach 5.126 Fehlversuchen innerhalb von fünf Jahren ging aus dem 5.127. Versuch der revolutionäre beutellose Dualzyklon-Staubsauger hervor. Hindernisse taten sich erneut auf, als James Dyson den großen Herstellern seinen funktionstüchtigen Prototyp anbot, aber immer wieder auf Ablehnung stieß. Die Großkonzerne verdienten mit den Papierbeuteln gutes Geld und hatten kein Interesse an einem papierlosen Staubsauger. Dieses Mal waren Wut und Enttäuschung Dysons Motivationsfaktoren. Unbeirrt verkaufte er sein Produkt schließlich direkt an japanische Verbraucher, die von Design und Funktionalität hellauf begeistert waren. Heute ist Dyson in zahlreichen Ländern Marktführer im Segment der Staubsauger und James Dyson in Großbritannien als reichster Brite so bekannt wie Daniel Düsentrieb. Er zählt zu den energiegeladenen Machern, die mit Leidenschaft Dinge verändern und verbessern wollen und ihr Ziel mit Hingabe verfolgen.

James Dyson kenne ich persönlich zwar nicht, dafür aber viele andere Unternehmer, die durch totale Identifikation mit ihrer Aufgabe vieles im Leben erreicht haben und dank ihrer Leidenschaft auch noch vieles erreichen werden.

Ein Paradebeispiel ist Florian Langenscheidt, die folgende Geschichte zeugt davon. Diese ist nicht so bekannt wie viele andere seiner Erzählungen, aber sie zeigt die pure Leidenschaft eines jungen Unternehmers.[14] In den letzten Monaten seines MBA-Studiums am Insead wurde der Wahlkurs „Unternehmensgründung" angeboten, in dem ein Businessplan zu einer neuen Geschäftsidee ausgearbeitet werden sollte. Alle Studenten stürzten sich auf den IT-Bereich, doch Langenscheidt entschied sich dafür, anderen Menschen und auch sich selbst einen Traum zu erfüllen, und zwar die Fahrt mit einem Zeppelin. Er arbeitete einen entsprechenden Businessplan aus und rief nach dem MBA-Abschluss bei Albrecht Graf Brandenstein-Zeppelin an, um Geld für seine Businessidee zu akquirieren. Erst zögerte der Graf, doch Langenscheidt ließ nicht locker und brachte den Grafen dazu, den hundertseitigen Businessplan zu lesen. Daraufhin erhielt er von ihm 100.000 D-Mark zur Gründung seiner Majestic Luftschifffahrtsgesellschaft mbH. Ein Jahr später und 50 Jahre nach dem Unfall der „Hindenburg" fuhr das erste Luftschiff aus London kommend (von dort war es geleast worden) nach München. Aus den Finanzrechnungen war Langenscheidt klargeworden, dass der Hauptteil der Aufwendungen aus Sponsoring zu finanzieren sei. Es gelang ihm, bei Löwenbräu eine Million D-Mark pro Monat zu akquirieren: Löwenbräu ließ ein Luftschiff mit Löwenbräuwerbung 16 Tage lang über dem Oktoberfest schweben. Nach einem Monat war das Projekt operational profitabel. Dazu Langenscheidt: „Das habe ich nie wieder mit irgendetwas geschafft." Das Luftschiff war immer ausgebucht, ohne Werbung, aber mit immenser PR-Unterstützung („Junger Mann lässt deutschen Traum wieder wahr werden") und Sichtbarkeit des Zeppelins am Himmel. Ohne es bewusst zu wollen, hat Langenscheidt damals mit seinem Team das geschafft, was heute en vogue ist: Silvermarketing. Ältere Menschen wurden erreicht und erfüllten sich mit dem Flug im Zeppelin einen Traum.

„Was für ein Glück, etwas in die Welt zu bringen, das man nicht mit raffinierten Marketingmethoden jemandem andrehen muss, sondern um das sich die Menschen reißen!"
Dr. Florian Langenscheidt

Mit gleicher Leidenschaft unterstützt Langenscheidt heute junge Unternehmer bei der Verwirklichung ihrer Träume und engagiert sich tagtäglich für seine 1994 gegründete Stiftung „Children for a better World".[15] Aus einem Working Capital von 160.000 Euro sind über 30 Millionen Euro geworden, mit denen Hunderttausenden von Kindern das Leben gerettet oder dieses substanziell verbessert werden konnte.

Personen wie James Dyson, die beiden Grenzgänger und auch Florian Langenscheidt haben eines gemeinsam: Sie entwickeln wahre Leidenschaft. Machen Sie es ihnen nach! *Wachsen Sie über sich selbst hinaus, engagieren Sie sich jenseits der Norm für Ihr Ziel, lassen Sie sich von der Sucht antreiben. Ruhen Sie sich nicht auf dem Erreichten aus, sondern peilen Sie immer wieder neue Ziele an.*

Jenseits der Norm engagierte sich auch James Dyson nicht nur mit seinem persönlichen Einsatz, sondern finanzierte auch die Fertigstellung seines Prototyps aus eigener Tasche. Seine Versuche trieben ihn fast in den Ruin. Auch die beiden

Weltenbummler Moser und Erdmann ließen sich von der Sucht antreiben: Sie haben ihre Extremreisen um ihrer selbst willen unternommen. Sie sind nicht in Erwartung einer geldwerten Belohnung aktiv geworden. Wer etwas nur für Geld macht, der verliert den inneren Antrieb und lenkt seine Aufmerksamkeit zu sehr auf diese äußere Belohnung. Wer nur aus Verdienst- oder Karrieregründen aktiv ist, erhält nicht den wahren Kick – da sind sich Psychologen sicher.

„ ‚Money follows passion.' Daran glaube ich zutiefst. Wenn ich nicht die Leidenschaft habe, funktioniert das Ganze nicht. Das Geld kommt, wenn ich wirklich von einer Vision überzeugt bin und danach handle."
Dr. Florian Langenscheidt

Leidenschaft als ergiebige Energiequelle für Marken

Als ergiebige Energiequelle wird Leidenschaft von Unternehmern und Mitarbeitern für ihre Marken oftmals noch viel zu wenig angezapft. Wie können Sie mehr Feuer in Ihre Marke bringen? Wie innerlich dafür brennen? Nicht, indem Sie der Wurst leidenschaftslos weiter hinterherlaufen. Oder darauf hoffen, dass Ihnen jemand per Rezept Leidenschaft verordnet und einflößt. Es reicht auch nicht, dass Ihnen das Wort Leidenschaft zwar leicht über die Lippen kommt, Sie dabei aber die Begeisterung nicht fühlen. Leidenschaft will gelebt und wahrgenommen werden!

Ich selbst schreibe mit Leidenschaft an diesem Buch – und wer weiß, vielleicht gründe ich auch noch einmal einen Verlag. Doch primäres Ziel dieses Buches ist es, Sie wachzurütteln, Sie dazu zu motivieren, Ihren Enthusiasmus für Ihre Marke aufzuspüren. Finden Sie heraus, was Sie von ganzem Herzen ernsthaft tun wollen und wofür Sie brennen, woran Sie voll und ganz glauben, welchen Nutzen Ihre Marke für Sie und die ganze Welt hat.

> *„Willst du ein Schiff bauen, so rufe nicht die Menschen zusammen, um Pläne zu machen, Arbeit zu verteilen, Werkzeuge zu holen und Holz zu schlagen, sondern lehre sie die Sehnsucht nach dem großen, endlosen Meer."*
>
> Antoine de Saint-Exupéry

Leidenschaft wird nicht aus der Hoffnung heraus geboren, dass Ihre Marke schon irgendwie bei Ihren Kunden ankommen wird. Entscheiden Sie sich dafür, dass Ihre Marke zu einem Teil Ihrer Identität wird. Bleiben Sie dran – mit Reflexion und Disziplin. Leidenschaft wird von jedem selbst entwickelt.

Der Kaffee-König Howard Schultz, der die Starbucks-Kette geschaffen hat, gibt in seinem Buch „Die Erfolgsgeschichte Starbucks" unter anderem den Tipp: *„Wenn Sie sich einen Partner suchen und Mitarbeiter einstellen, achten Sie darauf, Leute auszuwählen, die Ihre Leidenschaft, Ihr Engagement und Ihre Zeit teilen. Wenn Sie Ihre Mission mit Gleichgesinnten teilen, wird die Wirkung wesentlich größer sein."*[16]

Die Kraft der Vision

Haben Sie in der Vergangenheit schon einmal eine Vision verwirklicht?[17] Haben Sie ein konkretes Bild vor Ihrem inneren Auge gehabt, das Sie Wirklichkeit werden lassen konnten? Dann wissen Sie, wie viel Kraft eine solche Vision haben kann. Wie eine starke Vision auch andere Menschen begeistern und ihnen dabei helfen kann, schwierige Situationen auf dem Weg zu diesem Ziel zu meistern. Und Sie wissen auch, wie gut es sich anfühlt, wie stolz man selbst ist, ein solches Ziel erreicht zu haben.

Deshalb sollten Sie sich als Allererstes fragen: Welche Vision haben Sie für Ihre Marke? Gibt es eine Vision für die Marke, für die alle Beteiligten kämpfen? *Die Vision ist Ausgangspunkt aller leidenschaftlichen Aktivitäten.* Wladimir Klitschko oder auch Sebastian Vettel hatten die

Vision, die Nummer 1 zu werden. Sie haben leidenschaftlich für diese Vision gekämpft ... und sie haben sie realisiert. James Dyson, Dietrich Mateschitz, Richard Branson & Co: Sie alle sind Menschen, die Kraft ihrer Vision ihre Marke mit Leidenschaft zu großem Erfolg geführt haben. Die Gründer von Porsche, Adidas oder IKEA zählen ebenfalls dazu.

Die Vision ist die Quelle der Motivation von einzelnen Menschen, aber auch einer ganzen Gruppe von Menschen, eines gesamten Unternehmens.

Die Markenvision gibt die Entwicklungsrichtung und den Zukunftsentwurf der Marke wieder.[18] Sie beantwortet die Frage: „Wo wollen wir hin?" Die Markenvision kann als langfristig zu realisierende Wunschvorstellung der Marke angesehen werden, die wichtige Motive von Nachfragern und Mitarbeitern ansprechen sollte. In Ihrer Markenvision sollte sich Ihre Energie und Motivation und die all Ihrer Mitarbeiter fokussieren.

Eines ist klar: Noch keiner wurde allein durch eine Vision erfolgreich. Wichtig ist, die Vision durch konkrete Handlungen in der Gegenwart umzusetzen. Nur ein konsequentes „Missionieren" der Vision führt auch zur täglichen Umsetzung. Dabei können immer wieder unterschiedliche Strategien und Praktiken zum Einsatz kommen. Die Mission ist unsere gelebte Vision!

**DIE VISION IST
DIE QUELLE DER MOTIVATION**

So schaffen Sie es, Leidenschaft für Ihre Marke zu entzünden!

Die Vision und Mission werden in Ihrem Leitbild beschrieben. Sie haben noch keines? Dann sollten Sie sich schnellstens mit den Fragen *„Wo will ich hin?"* und *„Was will ich erreichen?"* befassen.

Nehmen Sie sich ein konkretes Jahr in der Zukunft – idealerweise von heute gerechnet in fünf bis zehn Jahren – und beantworten Sie für dieses Jahr folgende Fragen:[19]

1. Welchen Nutzen soll unsere Marke bieten?
   - Welche „Probleme" unserer Kunden lösen wir besser als der Wettbewerb – und wie?
   - Welche „Träume" unserer Kunden erfüllen wir besser als der Wettbewerb – und wie?

2. Was unterscheidet unsere Marke von den Wettbewerbsmarken?

3. Für welche Kunden sind wir tätig?

4. Welchen Ruf und welche Einzigartigkeit genießt unsere Marke?

5. Beruht unsere Marke auf ethischen Säulen?

6. In welchen Ländern und Regionen sind wir tätig?

7. Welche Marktposition nimmt unsere Marke ein?

8. Wenn wir die Marktführerschaft erreicht haben, welche ist das? (Qualität, Service, Größe, Expertentum, Innovation …)

9. Welchen Umsatz haben wir mit der Marke erreicht?

10. Welchen Gewinn erwirtschaften wir?

11. Welchen Wert hat unsere Marke?

12. Wie viele Mitarbeiter arbeiten für die Marke? Was tun wir für deren Wohl?

13. Welche Vermögenswerte haben wir mit der Marke aufgebaut (Maschinen, Anlagevermögen etc.)?

14. Welches zusätzliche Vermögen haben wir durch die Marke aufgebaut (Liquiditätsreserven etc.)?

15. Wie leisten wir mit unserer Marke einen Beitrag für die Gesellschaft (in der Region, im Land, in Europa und der Welt)?

16. Welche Nachteile oder Schäden entstünden, wenn unsere Marke nicht mehr bestehen würde?

Sie werden sehen: Wenn Sie diese Fragen beantwortet haben, sollte es Ihnen leichterfallen zu beschreiben, wo Sie hinwollen und was Sie erreichen möchten ... und schon ist Ihre Vision geboren!

Wenn Ihre Vision steht und Sie diese mit Leidenschaft verfolgen, dann werden nicht nur Ihre Mitarbeiter, sondern auch Ihre Kunden mit dieser Leidenschaft infiziert.

Innovationen,
die

„Jede Firma,
jeder große Erfolg
hat mit einer Idee begonnen."

Napoleon Hill

faszinieren

Geniale Einfälle, zündende Geistesblitze, revolutionäre Ideen – damit beginnen unzählige erfolgreiche Firmengeschichten. Ganz gleich ob Gründer, Entwickler, Manager oder Produktmanager – Erfolgsgeschichte haben diejenigen geschrieben, die Entwicklungen erkannt und genutzt haben. Wer es weit bringen will, der braucht vor allem eines: die richtige Idee. Die richtige Idee gepaart mit der im vorangegangenen Kapitel beschriebenen Leidenschaft ist die Voraussetzung, um eine Marke zu schaffen, die nicht nur Sie, sondern auch Ihre Kunden lieben.

Die richtige Idee mit dem gewissen Gespür für den Markt

Die richtige Idee hatte auch einst Howard Schultz, der Starbucks zu einer trendigen Lifestyle-Marke entwickelte.[20] Anfang der 1980er-Jahre fiel dem 27-Jährigen eine kleine Firma in Seattle namens Starbucks auf. Schultz war damals Chef der US-Verkaufsabteilung der Haushaltswarenfirma Hammarplast und kontrollierte die monatlichen Aufträge. Dabei stellte er fest, dass Starbucks Coffee, Tea and Spice mehr Kaffeemaschinen bestellte als die großen Kaufhausketten, und war sich sicher, hier einen neuen Wachstumsmarkt entdeckt zu haben. Scheinbar gab es viele Menschen, die Geschmack daran gefunden hatten, frisch gerösteten Kaffee statt den damals in Amerika üblichen löslichen Pulverkaffee zu trinken.

Schultz stieg bei Starbucks als Manager ein und seine Idee für expandierende Starbucks-Läden, in denen Kaffee auch als Getränk angeboten wird, reifte immer weiter. Die Gründer von Starbucks, Gerald Baldwin und Gordon Bowker, lehnten allerdings Expansionen in diesem Bereich ab. Schultz ließ sich nicht beirren und hielt an seiner Idee fest. Er wollte nicht mehr nur die Starbucks-Bohnen verkaufen, sondern nach dem Vorbild italienischer Espressobars den Kaffee in eigenen Läden zubereiten. Er gründete seine eigene Kaffeekette mit Namen „Il Giornale", gewann Investoren zur Expansion und kaufte wenige Jahre später den Eigentümern die Firma ab. So expandierte Starbucks extrem schnell: 1991 wurde die hundertste Filiale gegründet, seit 1992 ist Starbucks börsennotiert und 1995 startete die Expansion ins Ausland.

Ebenso wie Howard Schultz hatte auch Ray Kroc die richtige Geschäftsidee: Der Verkäufer von Küchengeräten stieß im kalifornischen San Bernardino auf ein Fast-Food-Restaurant namens McDonald, in dem Hamburger, Pommes Frites und Getränke extrem schnell zubereitet wurden. Daraus ließe sich eine Kette machen, da war sich Kroc sicher. Zunächst erwarb er 1954 von den Besitzern, den Brüdern McDonald, die Lizenz, Restaurants nach dem gleichen Prinzip zu eröffnen. 1961 kaufte er schließlich den gesamten McDonald's-Konzern für 2,7 Millionen US-Dollar und eröffnete Restaurants rund um die Welt.

Nun reicht eine einzelne Idee oft nicht aus. Studien aus der Konsumgüterindustrie zeigen, dass von den vielen Ideen in einem Unternehmen nur wenige als erfolgreiche Innovationen am Markt platziert werden: Erfahrungen zeigen, dass noch nicht einmal ein Prozent der Ideen sich am Markt durchsetzen.

„Die beste Methode, eine gute Idee zu bekommen, ist, viele Ideen zu haben!"
Linus Pauling

Dass es mehr als eine Idee geben muss, um langfristig am Markt erfolgreich sein zu können, hat Google schon lange erkannt. Jeder Mitarbeiter wird angehalten, ständig neue Ideen und Projekte zu liefern und diese entsprechend umzusetzen. So wundert es nicht, dass es diese Suchmaschine, die erst seit 1998 im Netz zu finden ist (der Vorläufer BackRub seit 1996), geschafft hat, das gleichnamige Unternehmen in dieser kurzen Zeit zum drittwertvollsten Unternehmen der Welt aufsteigen zu lassen.

Das Gespür für Bewegungen am Markt, für Trends, die zukünftig Relevanz haben, ist die Voraussetzung für den Erfolg. Wem dieses Gespür fehlt, läuft Gefahr, Trends ganz einfach zu verschlafen bzw. eine Idee fälschlicherweise abzulehnen. In der Geschichte gibt es ausreichend Beispiele solcher Pechvögel.

Eine der berühmtesten dürfte die von der Telegraphy Company, dem Vorgänger von Western Union, im Jahr 1877 gewesen sein. Mit dem Kommentar „Dieses Gerät hat keinerlei Wert für uns" lehnte der Vorstand das Telefonpatent ab. Eine Fehleinschätzung von ähnlicher Tragweite traf der Chef eines Hollywood-Studios in den 1940er-Jahren in Bezug auf den Fernseher: „Die Leute werden schnell die Nase voll davon haben, jeden Abend auf die Sperrholzschachtel zu starren." Aller guten Dinge sind drei: Das i-Tüpfelchen ist der Kommentar eines anderen Chefs eines Hollywood-Studios in den 1920er-Jahren über den Tonfilm: „Wer zum Teufel will schon Schauspieler sprechen hören?" Nun, wir wissen, dass das Publikum sehr wohl Schauspieler sprechen hören wollte und vom Tonfilm begeistert war, der in den folgenden Jahren seinen Siegeszug antrat und den Stummfilm völlig verdrängte.

Entscheidend ist also, auf die Bedürfnisse der Zielgruppe zu hören, die Marktmechanismen zu verstehen und vor allem: das Potenzial von Innovationen zu erkennen. Wie es auch Bill Gates tat. Als Teenager entwickelte er Computerprogramme und erkannte schon früh das Geschäftspotenzial der digitalen Maschine. So setzte er alles daran, sein innovatives System am Markt durchzusetzen, und erreichte, dass seine Firma Microsoft zum Marktführer wurde. Heute gilt er als reichster Mann der Welt.

„Die größte Gefahr für unser Geschäft ist, dass ein Tüftler irgendetwas erfindet, was die Regeln in unserer Branche vollkommen verändert, genauso, wie Michael und ich es getan haben."
Bill Gates

Oder nehmen Sie Steve Jobs, der Apple zum Kultkonzern machte. Jobs galt als treibende Kraft im Unternehmen – auch für die Innovationen, die die Menschen faszinierten. Er schuf mit dem iPad nicht nur eine neue Mediengattung, sondern revolutionierte mit dem iPhone auch den Handymarkt. Seit dem Erscheinen des Apple iPhone im Jahr 2007 ist – wie Sie wissen – auf dem Handymarkt ein regelrechter Smartphone-boom ausgebrochen. Apple hatte zuvor keine bis wenig Bedeutung in der Branche, gewann aber so rasant an Marktanteilen, dass sich der Konzern mit dem Apfel-Logo im Jahr 2010 erstmals zu den Top 5 der Handyhersteller zählen konnte. Damit ging Apples Strategie mit nur einem einzigen Handymodell auf. Bereits sechs Jahre nach dem Auslösen des Smartphonebooms durch Apple überholten im Jahr 2013 laut der Marktforschungsfirma Gartner Smartphones weltweit einfache Handys.[21]

„There is a way to do it better."
Thomas A. Edison

Innovationen müssen permanent vorangetrieben werden, um eine Marktstellung zu behaupten und weiter ausbauen zu können. So hat Apple im Laufe der Zeit aufgrund der „nachlassenden" Innovationskraft – manche behaupten, das läge an dem Fehlen von Steve Jobs – immer mehr Marktanteile verloren: Jedes dritte Smartphone kam 2013 beispielsweise von Samsung.

Meist setzen Innovationen die Bereitschaft zum Umlernen bei den Menschen voraus. So funktionieren die Anwendungen und Programme auf den verschiedenen Smartphones unterschiedlich. Doch wenn bisher eigentlich alles ganz gut und vor allem mehr oder weniger automatisch läuft, wozu dann eine Veränderung? So denken viele Kunden. Deshalb ist die Gefahr eines Flops umso größer, je mehr Verhaltensänderung eine Innovation verlangt.

Und noch ein interessanter Aspekt: *Studien belegen, dass nahezu die Hälfte aller fehlgeschlagenen Innovationen auf einen zu geringen Innovationsgrad zurückzuführen ist.* Oftmals sind die Unterschiede zu den bereits vorhandenen Produkten zu gering. Warum also sollte der Kunde das neue Gerät kaufen? Und vor allem: Warum sollte er sich umstellen? Die entscheidende Frage ist also: Wie stellen Sie sicher, dass die potenziellen Kunden einen Unterschied erkennen und für sich in der Innovation eine Belohnung sehen? Wie groß sollte der Unterschied zu dem bestehenden

Produkt überhaupt sein? Als Erstes stellt sich der innere Autopilot immer die Frage „Was ist es?". Um diese Frage möglichst effizient zu beantworten, hat der Autopilot Schubladen angelegt – sogenannte kognitive Schemata. Aufgabe des Autopiloten ist es jetzt, herauszufinden, in welche Schublade das neue Produkt hineingehört. Nur wenn das Produkt in keine bestehende Schublade passt, wird eine neue angelegt – oder aber es wird ignoriert, sofern die Bedeutung des Produkts und die damit verbundene Belohnung nicht klar erkennbar sind.[22]

Chancenreiche Innovationen

Innovationen können auf ganz unterschiedlichen Wegen erfolgreich am Markt platziert werden. In der Neuropsychologie werden grundsätzlich vier Innovationsstrategien unterschieden:[23]

- *Fiktion*
- *Optimierung vorhandener Produkteigenschaften*
- *Hinzufügung neuer Produkteigenschaften*
- *Hinzufügung neuer Produkteigenschaften in Kombination mit einem Kategorienwechsel*

Wenig Chance auf langfristigen Erfolg haben „Innovationen", bei denen das Produkt mit einer neuen Bedeutung aufgeladen wird, die jedoch nicht durch relevante Produktveränderungen begründet wird. Hierbei handelt es sich also um keine wirkliche Innovation, sondern eher um eine *Fiktion*. Diese Strategie soll hier nicht näher beleuchtet werden, da sie für Sie irrelevant sein sollte.

Chance auf langfristigen Erfolg haben dagegen Innovationen, bei denen bestehende Produkteigenschaften immer weiter optimiert werden. Während die Batterie des ersten MacBook-Air-Modells beispielsweise noch 35 WH hatte, bringt es das Nachfolgemodell mit 54 WH auf eine Batterieleistung von bis zu zwölf Stunden. Gleichzeitig wartet es mit einem 512 GB-Flash-Speicher und einem acht GB-Arbeitsspeicher auf, mal eben doppelt so hoch wie sein Vorgänger.

Ganz entscheidend ist dabei, dass diese Optimierungen für den Kunden wahrnehmbar und relevant sein müssen. Sie müssen einen wirklichen Unterschied bieten. Für mich beispielsweise war die Erhöhung der Batterieleistung und die Erweiterung der Speicherkapazitäten des kleinen MacBook-Air-Modells der ausschlaggebende Grund, ein neues zu kaufen, obwohl mein bisheriges noch gar nicht so alt war und noch super funktionierte. Doch dieser für mich wahrnehmbare und auch im täglichen Doing relevante Unterschied überzeugte mich. In der Neuropsychologie gibt es zur Messung dieser wahrnehmbaren Unterschiede sogenannte Kontrastschwellen (Konzept des „Just Noticeable Difference").

Die meisten gängigen Produktinnovationen sind bei dieser Innovationsstrategie der *Optimierung vorhandener Produkteigenschaften* anzusiedeln. Diese Strategie wird allerdings umso weniger relevant, je weiter eine Produktkategorie fortgeschritten ist. Denken Sie zum Beispiel an die Relaunches des iPhones: Während bei den ersten Relaunches Designänderungen, Speicherkapazitätserweiterungen und Geschwindigkeitserhöhungen ausreichten, muss Apple jetzt bei jeder neuen iPhone-Generation mit einem sehr innovativen Spitzenmodell aufwarten, um den Marktanteilsverlust zu stoppen.

Werden einem *Produkt neue Eigenschaften* hinzugefügt, die vorher noch nicht vorhanden waren, kann das Produkt anders wahrgenommen werden, als das der Wettbewerber. BMW brachte beispielsweise als erster europäischer Hersteller im Automobilbereich ein Head-up-Display auf den Markt, bei dem die für den Fahrer relevanten Informationen in dessen Sichtfeld projiziert werden, so dass er den Kopf nicht senken muss. Obwohl objektiv an dem Produkt wenig geändert wurde, erscheint es anders als das der Wettbewerber. Die Voraussetzung für den Erfolg der Hinzufügung neuer Produkteigenschaften ist, dass der Unterschied für den Kunden relevant ist.

Die wohl mächtigste der bisher besprochenen Innovationsstrategien ist die der *Hinzufügung neuer Produkteigenschaften in Kombination mit einem Kategorienwechsel.* Beispiele für diese Strategie sind IceWatch, Vapiano, Smoothies, mymuesli, Withings Pulse oder auch die neueste Innovation von Apple, die Apple Watch.

Unabhängig davon, welche der vorgestellten Innovationsstrategien sich für Ihre Marke anbietet und für welche Sie sich entscheiden: Wichtig ist, dass Sie Ihre Chance erkennen und ergreifen. Viele Unternehmer machen große Geschäfte aus kleinen Gelegenheiten, wie beispielsweise der britische Verleger Alfred Harmsworth. Er kreierte die erste Zeitung, die den Ansprüchen der neuen Mittelschicht des 19. Jahrhunderts entsprach, und stieg zum größten Zeitungsverleger des Landes auf: Mit der Daily Mail, die er im Gegensatz zur Konkurrenz auf besserem Papier drucken ließ, verkaufte er unterhaltsamen Journalismus. Er investierte 40.000 Pfund, bevor er das erste Exemplar verkaufte. Harmsworth erkannte, dass die politisch frisch emanzipierte Masse nach einer neuen Form der Nachrichtenübermittlung verlangte.

Seien Sie kreativ und mutig

Ohne ein Quantum an Kreativität kommen Sie allerdings nicht weiter in Sachen Innovationen. Bleiben wir in der Zeitungs- und Zeitschriftenbranche. Nehmen Sie die Zeitschrift brand eins. Diese entstand und platzierte sich in einem übersättigten Markt, weil die Gründer und Mitarbeiter von brand eins an ihre Idee von einem anderen Wirtschaftsmagazin glaubten.[24]

„Ideen haben Kraft und können etwas bewegen.
Das ist die Überzeugung, die uns treibt."
brand eins[24]

brand eins spürt die Hintergründe und Zusammenhänge zu wirtschaftlichen und politischen Ereignissen auf. Dabei werden auch ungewöhnliche, innovative und kreative Ideen, Konzepte und Arbeitsweisen vorgestellt.

Neben der Kreativität ist auch Mut erforderlich, um Innovatives hervor-zubringen, das die Menschen anspricht. Diese Erfahrung hat Jean-Remy von Matt gemacht: „In der Kommunikation ist es wie in der Formel 1. Nur wer von der Ideallinie abweicht, hat die Chance, andere zu überholen. Nur wer von dem idealen Bildmotiv, von der idealen Dramaturgie, vom idealen Menschen abweicht, kann an anderen Marken vorbeiziehen. Und zur sogenannten Kampflinie gehört natürlich Mut." [25]

Expertengespräch mit Jean-Remy von Matt[26]

Jean-Remy von Matt ist Gründer und Vorstand der unabhängigen Agenturgruppe Jung von Matt, die er 1991 zusammen mit seinem Partner Holger Jung gründete. Zuvor war der gelernte Werbekaufmann u.a. Texter bei Ogilvy & Mather, Creative Director bei Eiler & Riemel/BBDO und geschäftsfüh-render Gesellschafter bei Springer & Jacoby. Jean-Remy von Matt lehrt seit 2003 als Professor für Werbung an der Hochschule Wismar. 2006 wurde er Ehrenmitglied im Art Directors Club (ADC e.V.) Deutschland und 2007 Präsident der Outdoor Jury in Cannes. Bereits 2002 wurden Jean-Remy von Matt und Holger Jung in die Hall of Fame der deut-schen Werbung aufgenommen.

Die Agentur Jung von Matt bietet heute das komplette Repertoire der Marketingkommunika-tion. In Deutschland gewann Jung von Matt früh Kunden wie Sixt, Sparkasse, Ricola, Mey Bodywear und Deutsche Post, die alle nach wie vor von der Agentur betreut werden. Auch in Österreich und der Schweiz gehört Jung von Matt zu den größten Agenturen. Seit 20 Jahren gibt es – sowohl in Bezug auf Auszeichnungen für Kreativität als auch für Effizienz – keine erfolgreichere Agenturgruppe im deutschsprachigen Raum.

Auf die Frage, wie es denn um die Kreativität in seiner eigenen Agentur Jung von Matt stehe, erzählt Jean-Remy von Matt:

„Mit der Materie Kreativität zu arbeiten und zu handeln ist ein ständiger Balanceakt zwischen Gefühl und Kalkül. Denn Kreativität ist schwer berechenbar: weder in der Entstehung noch in der Wirkung. Auch für mich mit über 40 Jahren Erfahrung an der kreativen Front ist schwer vorhersehbar, ob sich eine Idee wirklich durchsetzt, ob sie ein Tor aufstößt oder nur dran klopft. Aber genau das macht diese Materie so spannend und lässt unseren Beruf nie langweilig werden.“

Die Grundvoraussetzung dafür, dass ein Mensch kreativ sein kann, so Jean-Remy von Matt, sei, dass er Freude daran hat, nach Dingen zu suchen, die man nicht sieht. Und von denen man nicht einmal genau weiß, ob sie überhaupt existieren. Die Situation eines Kreativen sei permanentes Fischen in einem trüben Teich.

Erfolgstipps von Jean-Remy von Matt

1. Erfolgsfaktor: Wenn man die erste Idee gefunden hat, muss man sich bewusst machen, dass es ziemlich sicher noch einige viel bessere gibt. Und rastlos weitersuchen.

2. Erfolgsfaktor: Man braucht die Fähigkeit, mit Niederlagen konstruktiv umzugehen, denn Ideen stoßen oft auf Unverständnis. Dann gilt es, sich kurz zu schütteln und etwas Neues zu schaffen, das überzeugt.

So schaffen Sie Innovationen für Ihre Marke!

Zu Recht fragen Sie sich jetzt: Wie schaffe ich es, neue, erfolgverspre-chende Ideen zu entwickeln? Wie schaffe ich es, Innovationen für meine Marke als Prozess in meinem Unternehmen zu implementieren? Die folgende Anleitung hilft Ihnen, mehr Klarheit über den eigenen Innovati-onsprozess zu erlangen, um diesen gezielt vorantreiben zu können.

Fragen Sie sich als Allererstes: Gibt es einen definierten Innovationspro-zess für Ihre Marke? Wenn ja, wird dieser Innovationsprozess auch von den Mitarbeitern gelebt? Viele Unternehmen haben keinen definierten Inno-vationsprozess. Andere Unternehmen wiederum haben einen, leben ihn aber nicht.

Ideal wäre es, wenn Sie *die einzelnen Schritte Ihres eigenen Innovations-prozesses* aufschreiben:

Ideengenerierung

- *Quellen der Innovationen:* Welche Innovationsquellen werden für Ihre Marke genutzt? Wo werden Innovationen für Ihre Marke generiert? Von Ihnen als Geschäftsführer/Führungskraft oder von Ihren Mitarbei-tern? Von Ihren Agenturen? Von Ihren Kunden, die Ihnen zum Beispiel Verbesserungsvorschläge liefern? Oder gar von Wettbewerbern, deren Innovationen Sie wiederum auf neue Ideen für Ihre Marke bringen?

Ideensammlung und Bewertung

- *Sammeln:* Wo werden diese Ideen für Ihre Marke – egal aus welcher Quelle sie stammen – gesammelt?
- *Entscheidung:* Wer bzw. welches Gremium entscheidet darüber, ob die Idee für Ihre Marke umgesetzt wird oder nicht?

Ideen-Umsetzung

- *Projektmanagement:* Wenn eine Idee für Ihre Marke zur Umsetzung gebracht werden soll, wer definiert dafür das Projektteam? Wer hat die Verantwortung für das Projekt? Wie ist das Projektmanagement im Sinne einer erfolgreichen Umsetzung organisiert?
- *Controlling:* Wenn die Innovation für die Marke dann umgesetzt ist: Wie wird der Erfolg der Innovation gemessen? Ab wann gilt die Innovation als erfolgreich?

Für jede einzelne Innovation für Ihre Marke, die aus diesem Prozess entsteht, sollten Sie dann die folgenden Punkte berücksichtigen bzw. sich die folgenden Fragen stellen:

Checkliste Innovation

1. Ist die Innovation für meine Marke vom Kunden wahrnehmbar? Ist die Innovation für ihn relevant?

Innovationen sind aus Sicht der Kunden nur dann Innovationen, wenn der Unterschied, den das neue Produkt mit sich bringt, aus ihrer Sicht relevant ist. Relevant sind nur diejenigen Unterschiede, die eine neue Bedeutung haben.

2. Ist die Verhaltensänderung, die die Innovation erfordert, eventuell zu groß?

Je größer die Verhaltensänderung, die die Innovation dem Kunden abverlangt, desto größer ist die Gefahr eines Flops.

3. Ist das, was Sie dem bestehenden Produkt hinzufügt haben, vom Kunden wahrnehmbar? Bietet dieses dem Kunden einen wirklichen Unterschied?

Innovationen im Sinne von Optimierung von Produkteigenschaften müssen für den Kunden einen wirklichen Unterschied bieten.

4. Wenn Sie in einem „gesättigten" Markt tätig sind: Zeichnet sich Ihre Innovation durch Anderssein aus?

Innovationen in „gesättigten" Märkten werden insbesondere durch Anderssein und nicht durch Bessersein erreicht. Bessersein ist vor allem für Innovationen in „jungen" Märkten wichtig!

5. Wenn Sie in einem „jungen" Markt tätig sind: Wird Ihr Produkt durch die Innovation besser als die der Wettbewerber?

Wenn Sie in einem „jungen" Markt tätig sind: Wird Ihr Produkt durch die Innovation besser als die der Wettbewerber?

6. Und last but not least: Wird der Innovationsprozess für Ihre Marke in Ihrem Unternehmen auch gelebt?

Innovationen bedürfen der Unterstützung eines jeden Mitarbeiters in Ihrem Unternehmen. Allen Beteiligten muss die Bedeutung von Innovationen für den künftigen Erfolg des Unternehmens bewusst sein, um diese auch entsprechend voranzutreiben.

„Eine gut erzählte Geschichte macht aus den Ohren Augen."

Chinesisches Sprichwort

Erzählungen, die begeistern

Eine der ältesten Kulturtechniken der Welt ist immer wieder en vogue: das Geschichtenerzählen. Es funktioniert auf vielen Ebenen ähnlich. Als Mythos, Legende, Märchen, Roman, Kurzgeschichte, Gedicht, Ballade, in Filmen, Theaterstücken, Opern, Comics und Sketchen. Fast jeder Small Talk beginnt mit einem Austausch von unterhaltsamen Stories oder Anekdoten. Der Faszination einer gut erzählten Geschichte kann sich niemand entziehen.

„Beginne mit einer Geschichte und die Aufmerksamkeit gehört dir", riet ich meiner Freundin, die nach ihrer Elternzeit ihre erste Präsentation halten sollte. Ich erinnerte sie an ihre Begabung zum Erzählen, mit der sie ihre Kinder immer wieder gebannt lauschen lässt oder zur Ruhe bringt. Geschichten üben nicht nur auf Kinder, sondern auch auf Erwachsene eine magische Anziehungskraft aus.

Mein „kleiner" Bruder schaffte es bereits in jungen Jahren, nicht nur unsere Eltern und uns Geschwister mit seinen Geschichten in den Bann zu ziehen, sondern die gesamte Großfamilie, ja unser gesamtes Dorf. Es gelang ihm sogar, die Verwandtschaft und Nachbarn dazu zu bewegen, in seiner Geschichte mitzuspielen, Teil der Geschichte zu werden und eine Aufführung zu initiieren, die über die Dorfgrenzen hinaus bekannt wurde.

Das Geschichtenschreiben und -erzählen hat ihn nicht losgelassen, so wie es uns alle nicht loslässt, seinen Geschichten zu folgen. Heute ist er – nach einer Musical-Ausbildung mit Tanz, Gesang sowie Schauspielerei und erfolgreichem Künstlerdasein auf der Bühne – wieder beim Geschichten-schreiben angekommen und verzeichnet als Autor und Regisseur seine ersten Erfolge.

Vielleicht habe ich von meinem Bruder die Begeisterung für Geschichten übernommen. Zu Beginn meiner Vorträge erzähle ich auch immer gern eine Geschichte und gewinne damit die Aufmerksamkeit der Zuhörer. Selbstverständlich hat die Geschichte stets einen Bezug zu meinem Vortragsthema. Nur so bringt sie mir auch nachhaltig die gewünschte Aufmerksamkeit und dem Publikum einen entsprechenden Mehrwert.

Mit Geschichten in den Bann ziehen

Die meisten Menschen sind fasziniert von fremden und neuen Erlebnissen oder Erfahrungen. Gute Geschichten sind ein effektiver Weg, um eine Beziehung zum Publikum herzustellen, Informationen zu vermitteln und Lösungen anzubieten. Mit Geschichten regen wir die Emotionen und Gedanken des anderen an, weil er sich ständig fragt, wie er selbst in dieser Situation reagiert hätte und was er selbst daraus lernen kann. Und vor allem: Er erinnert sich lange daran!

Seit Jahrtausenden erzählen sich Menschen Geschichten. In Zeiten ohne Bücher, Radio, Fernsehen und Kino war dies die einzige Möglichkeit der Unterhaltung, des Hineindenkens und Hineinfühlens in andere Welten und Menschen. Die Geschichten sind geblieben, bloß werden sie heute nicht mehr am Lagerfeuer oder in der Stube am Ofen erzählt, sondern via TV-Spot, per Vortrag, auf Events und im viralen Marketing. Im Marketing und in der PR gibt es mittlerweile einen wahren Hype um das Storytelling, weil es dem Empfänger einen echten Mehrwert bietet. Entscheidend ist, wie erzählt wird und welche Kommunikationskanäle ausgewählt werden. Es reicht nicht aus, hier und da ein allegorisches Bild einzusetzen. Wer mit zielgruppengerechten Identifikationsfiguren oder einer virtuellen Produktwelt die Kraft des Erzählens verantwortungsvoll einsetzen will, braucht dafür eine gut durchdachte Strategie (mehr dazu später).

Die Hirnforschung ist sich sicher: Je mehr uns ein Ereignis oder eine Geschichte emotional berührt, desto stärker werden diese Inhalte in unserem Gedächtnis verankert. Der US-amerikanische Neurowissenschaftler Michael Gazzaniga behauptet, dass Menschen nicht nur Geschichten mögen, sondern sie sogar brauchen, um sich an bestimmte Dinge erinnern zu können.[27] Botschaften werden greifbarer, wenn sie in Geschichten verpackt werden statt in nüchterne Sachinformationen oder oberflächliche Werbeversprechen. Geschichten wecken Interesse, beteiligen Zuhörer aktiv, produzieren eine Art Kopfkino und transportieren so Emotionen.

Einer der Vorreiter für die Nutzung von Geschichten in der Marketingkommunikation war der Reformpädagoge Johann Heinrich Pestalozzi. Bereits 1777 erzählte er in seinen Spendenbriefen davon, wie Spenden für ein neues Dach oder für Werkzeuge verwendet worden waren und wie Kinder davon profitiert und sich daran erfreut hatten. Mit seinen Geschichten machte er seine Arbeit und die damit verbundenen Erfolge und Probleme bereits vor Hunderten von Jahren jedem zugänglich.

Geschichten vermitteln anschaulich, worum es geht, weil sie Bilder im Kopf entstehen lassen und alle Sinne ansprechen. Wenn man selbst etwas Spannendes oder Interessantes erlebt hat, teilt man es gern mit. Im Idealfall trägt man dann sogar eine Botschaft weiter.

„Erzählen ist das Medium kollektiver Intelligenz."[28]
Professor Gerd Gutjahr, Spezialist für Marktpsychologie

Bezogen auf die Markenkommunikation ist sich der Marken- und Kommunikationsexperte Professor Dr. Dieter Herbst sicher, dass mit Storytelling in der Markenführung die Marke höchst wirkungsvoll und verhaltenswirksam vermittelt wird. Gute Geschichten fallen auf und informieren ohne gedankliche Anstrengung. Sie sind leicht verständlich, bewirken starke Gefühle, halten das Interesse der Kunden an der Marke aufrecht und graben sich tief in deren Erinnerung.[29]

Menschen lieben Geschichten – Marken auch

Ohne Story bleibt die Marke einseitig, hat keine Anziehungskraft und keinen Anker. Erst die Markengeschichte verankert die Marke im Gehirn, berührt das Herz und erobert sich einen dauerhaften Platz im Gedächtnis. Georgios Simoudis, Experte für narrative Markenkommunikation, ist davon überzeugt, dass Geschichten eine enorme Überzeugungskraft haben. Gute Geschichten speichert unser Gedächtnis verlässlich. Hinter den meisten Unternehmen und Marken steht eine Story. Marken, die eine Geschichte erzählen, schaffen sich damit eine Identität und motivieren den Käufer durch Sinnstiftung zum Konsum. Der Einwand, es sei nichts Neues, dass Marken Geschichten erzählen, ist berechtigt. Dennoch werden Markengeschichten als Mittel der Markenkommunikation bisher nur von wenigen Unternehmen wirklich sinnvoll genutzt, aktiv gefördert und gesteuert! Eine Studie von Georgios Simoudis belegt, dass in nur acht Prozent aller (untersuchten) TV-Werbespots eine echte Geschichte über die Marke erzählt wird.[30] Nehmen Sie die Marke Marlboro, die sich schon seit Jahrzehnten mit echten Geschichten über die Wild-West-Romantik identifiziert: Der Marlboro Man – Inbegriff von Freiheit und Abenteuer – treibt die Rinder mal aus den Bergen, mal aus einem See, mal im Sommer, mal im Winter. Legt er eine Pause ein, dann zündet er sich genüsslich eine Marlboro an oder sitzt abends am Lagerfeuer und blickt entspannt auf einen harten Arbeitstag zurück. Storytelling beeindruckt mit einer klar definierten Bild- und Sprachwelt und schafft damit eine Basis für die Zukunft der Marke.

So ist das auch beim TV-Spot aus dem Jahr 2011 über den Porsche 911. Die Story dahinter ist Action mit absoluter Porsche-Identität im 30-sekündigen Werbefilm: Auf einer Metallplatte werden emotionale Momente der Porsche-Geschichte wie Rennsiege, Ingenieurskünste, glückliche Kunden, Kindheitsträume von einem Sportwagen aneinandergereiht bis zu dem faszinierenden Moment, wo sich das Metall in einen Porsche 911 verwandelt.[31]

Oder schlagen wir ein ganz normales Notizbuch auf, das mithilfe einer guten Geschichte zu einer weltbekannten Marke wurde: Moleskine ist laut dem aktuellen Hersteller Modo & Modo das legendäre Notizbuch von Künstlern und Denkern der vergangenen zwei Jahrhunderte.[32] Benutzt wurde es u.a. von Vincent van Gogh und Ernest Hemingway. Das einfache, aber perfekte Objekt wurde länger als ein Jahrhundert von einer kleinen französischen Manufaktur hergestellt, die Pariser Schreibwarengeschäfte belieferte, in denen die künstlerische und literarische Avantgarde aus aller Welt einkaufte. Es soll das Lieblingsnotizbuch des britischen Reiseschriftstellers Bruce Chatwin gewesen sein, der es „moleskine" taufte, weil sein Einband aus schwarzglänzendem Wachstuch gefertigt war. Jedes Mal, wenn Chatwin nach Paris kam, so schreibt er in seinem Buch „The Songlines", habe er sich davon in einer Papeterie in der Rue de l'Ancienne-Comédie einen Vorrat beschafft. Doch eines Tages war es damit vorbei. Der einzige Hersteller sei verstorben, hätte die Besitzerin der Papeterie gesagt. Ihr Lieferant, ein kleines Familienunternehmen aus Tours, bekomme keine neuen Notizbücher mehr. „Das wahre Moleskine", so die Händlerin, „gibt es nicht mehr." Bis 1998. Da nahm sich ein Mailänder Unternehmen namens Modo & Modo des Büchleins an und erweckte es zu neuem Leben. So lautet die zauberhafte Geschichte des kleinen schwarzen Notizbuchs, das heute übrigens in über 54 Ländern vertrieben wird.

Haben Sie es bemerkt? Die genannten Beispiele haben alle etwas gemeinsam: In jeder Geschichte wird der emotionale Wert der Marke transportiert. Gleichzeitig werden dabei Bilder und eine Sprache verwendet, die zur Zielgruppe passen und gleichzeitig Kopf und Herz erreichen. Was vielen Marketing- und Kommunikationsverantwortlichen fehlt, ist der Blick auf die Zielgruppe. Nur wenn die Geschichte, die erzählt wird, in die Lebenswelt der Zielgruppe passt und interessant und bemerkenswert ist, wird die Geschichte von der Zielgruppe auch weitererzählt!

Der Betriebswirtschaftler Franz Liebl geht über das reine Geschichtenerzählen hinaus: Er hat mit Storylistening einen Ansatz entwickelt, bei dem das Zuhören im Mittelpunkt steht. Normalerweise setzt man eine Geschichte in die Welt, damit der Kunde sie mit der Marke verbindet und sie weitererzählt. Bei Liebls Ansatz tritt man zunächst mit seinem Kunden in einen Dialog, lässt den Kunden erzählen und hört ihm zu! Dabei achtet man darauf, welche Muster auf Kundenseite existieren, in welcher Lebenswelt sich der Konsument bewegt, welche Kompetenzen er dort besitzt. Erst darauf wird dann das Storytelling aufgebaut.[33]

Branding by Storytelling

Inwieweit Geschichten helfen können, eine Marke zu entwickeln und zu stärken, haben Klaus Fog, Christian Budtz und Baris Yakaboylu vom dänischen Marktforschungsunternehmen Sigma in ihrem Buch „Storytelling. Branding in Practice" untersucht.[34] Ihre Überzeugung: Geschichten helfen nicht nur Erzählern und Zuhörern auf einzigartige Weise, Erlebtes zu einem Ganzen zu verschmelzen und ihm dadurch Sinn zu verleihen. Es gibt auch keine andere Form der Informationsdarbietung, die so glaubwürdig und leicht verständlich ist wie eine Geschichte und so tiefe Spuren im Gedächtnis hinterlassen kann. *Gute Geschichten sind daher ideale Instrumente, um Marken entstehen und wachsen zu lassen.* Schließlich leben starke Marken ausschließlich in den Köpfen der Konsumenten und formen sich dort aus der Verknüpfung von Emotion, Charakter, Fantasie und klaren Botschaften, all dem also, was auch eine gute Geschichte ausmacht.

Um eine Geschichte zu erzählen, die eine Marke unterstützen soll, braucht man den Marktforschern zufolge mehrere Elemente: eine klare Vorstellung vom Markenkern, ein Ziel oder eine Botschaft, die man übermitteln will; ferner ein Problem, das sich mithilfe des Produkts lösen lässt, oder einen anderen Mehrwert, den das Produkt dem Kunden bietet. Dazu vielfältige Charaktere und Begabungen und einen spannenden Plot, der sich klassischerweise auf einen Höhepunkt kurz vor dem Happy End der Geschichte hinbewegt. Das Unternehmen spielt in der Geschichte den Helden, der es schafft, mit Unterstützern und guten Produkten gegen den Willen des bösen Widersachers sein selbstloses Ziel zu erreichen – zum Wohle der Kunden.

Das brauchen Sie für eine gute Geschichte:

- *ein Ziel bzw. eine Botschaft*
- *ein Problem, das sich mithilfe des Produkts lösen lässt, oder einen anderen Mehrwert, den das Produkt dem Kunden bietet*
- *eine spannende Handlung mit Höhepunkt und Happy End*

Einblicke:
Denkzelle und Doppelzimmer

Jean-Remy von Matt ist absolut davon überzeugt, dass Geschichten wichtig für eine Marke sind – auch für seine eigene Marke, die Agentur Jung von Matt: „Wir hatten von Anfang an interessante Storys, die uns und damit auch die Agentur spannend gemacht haben. Wir zwei waren bei der Gründung keine unbeschriebenen Blätter: Es gab viele Zitate, Anekdoten und Gerüchte, die sich über die letzten Jahrzehnte gehalten haben. Nicht alles davon war ganz wahr, aber zumindest glaubhaft. Zum Beispiel die Geschichte mit der Denkzelle: Einen Raum in unserer Agentur, der zuvor als Abstellkammer diente, haben wir mit einem Tisch, einem Stuhl und einer Lampe ausgestattet. In diesem Raum, der fortan als Denkzelle bezeichnet wurde, entstanden alle großen Slogans und Ideen – erzählten wir. Und so war jeder Besucher beeindruckt, wenn wir ihm diesen heiligen Ort in der Agentur zeigten.

Wahr ist auch die Geschichte, dass wir wohl die einzigen zwei Menschen in der zivilen Luftfahrt sind, die konsequent Mittelplätze gebucht haben. So hatten wir auf jedem Flug zwei Nachbarn und damit zwei Chancen, mit einem Business-Reisenden ins Gespräch zu kommen.

Oder die Geschichte, dass wir immer Doppelzimmer buchen, was wir übrigens bis heute tun, wenn wir gemeinsam reisen. In der Startphase der Agentur noch aus Kostengründen, sahen wir später nicht ein, warum wir diesen Brauch nur deshalb abschaffen sollten, weil wir es uns leisten konnten.

Im Bad eines solchen Doppelzimmers packten wir übrigens auf einer der ersten gemeinsamen Reisen synchron die Zahnpastatuben aus – er Elmex und ich Aronal. Ein schönes Zeichen, dass wir uns perfekt ergänzen. Geschichten wie diese haben Jung von Matt am Anfang spannend und attraktiv gemacht."

Wer seine Kunden mit Geschichten fesseln will, sollte auf jeden Fall authentische und stimmige Geschichten erzählen. In einer stimmigen Geschichte hat alles, was erzählt wird, eine Funktion: entweder, indem es die Story vorantreibt, oder wichtige Informationen über Figuren liefert, Hintergründe und Kontext klärt. Alles, was in diesem Sinne nicht funktional ist, hat in der Geschichte nichts zu suchen.[35]

„Dass nichts besser verkauft als eine Geschichte, gilt nicht erst seit der Entdeckung des Buzzwords Storytelling. Schon seit der Bibel nutzt jeder dieses Stilmittel, der Menschen von etwas überzeugen will – und sei es von einem Versicherungsvertrag. Dabei ist nicht so wichtig, ob eine Geschichte wahrhaft ist. Entscheidend ist, dass sie glaubhaft ist."
Jean-Remy von Matt

Was passiert, wenn eine Geschichte nicht stimmig und authentisch ist, zeigt das Beispiel „Power-Balance". Mit einer fesselnden Geschichte haben die Brüder Josh und Troy Rodarmel ihr Millionengeschäft mit den Power-Balance-Armbändern aufgebaut: Angeblich sollte in dem Hologramm-Sticker der Plastikarmbänder eine magische Technologie stecken, die die Leistungsfähigkeit des Trägers steigert. Durch bekannte Sportler promotet, erlebten die Bänder einen wahren Hype im Jahr 2011 und wurden millionenfach gekauft. Doch dann meldeten sich nach und nach immer mehr Stimmen zu Wort, die die Story anzweifelten. Mediziner bezeichneten die versprochene Wirkung der Bänder als Unsinn. Von der australischen Regierung wurde Power-Balance wegen irreführender Behauptungen abgemahnt, von Italien und Spanien zu Bußgeldern verurteilt. Tatsächlich scheint die Story von Power-Balance entzaubert und das Produkt von der Bildfläche verschwunden zu sein.

Zurück zu den guten Geschichten, die glaubwürdig sind. So glaubwürdig, dass der Markennamen darin eine Funktion bekommt. Das gelingt in folgendem Mercedes-Spot: Der Mann kommt in seinem Mercedes spät nach Hause mit der Erklärung, eine Panne gehabt zu haben. „Mit einem Mercedes?" fragt die Frau und gibt ihm eine schallende Ohrfeige. Niemand traut einem Mercedes eine Panne zu!

So finden Sie Ihre Story für Ihre Marke

Stellt sich die Frage, wie Sie eine stimmige und authentische Story zu Ihrer Marke finden. Geschichten können unterschiedlichsten Ursprungs sein. Das zeigen die vorangegangenen Beispiele. Geschichten können von den Unternehmern selbst „geschrieben" werden, von dem Produkt oder auch von Mitarbeitern oder Kunden.

Viele Geschichten basieren auf der Historie des Unternehmers oder des Unternehmens. Überlegen Sie: Welche Geschichte können Sie erzählen? Dazu fällt Ihnen nichts ein? Dann recherchieren Sie doch mal in der Vergangenheit.

Sollten Sie auch hier nichts finden, so können Sie Ihre Mitarbeiter befragen. Oder haben Sie möglicherweise von einem markanten Erlebnis zu berichten, das Sie oder ein Mitarbeiter mit einem Kunden hatten? Vielleicht ist es das Produkt selbst, das eine Geschichte zu erzählen hat?

Sollten Sie auch hier auf nichts Passendes stoßen, so versuchen Sie es doch mal mit den Erzählungen Ihrer Kunden. Haben diese Geschichten erzählt im Zusammenhang mit Ihrer Marke, mit der Verwendung Ihres Produkts? Wenn nein, fragen Sie sie doch einfach! Egal ob per Brief oder E-Mail oder über Social-Media-Kanäle. Wenn Sie die Antworten und Rückläufe mit Incentives belohnen, werden Sie bald nicht mehr das Problem haben, keine Geschichte zu haben, sondern eher das Problem, welche Geschichte Sie aus der Vielzahl an authentischen Geschichten Ihrer Kunden auswählen sollen.

Bei der Auswahl der Geschichte für Ihre Marke sollten Sie stets die folgenden Aspekte berücksichtigen bzw. sich die folgenden Fragen stellen:

1. Passt die Geschichte zu meiner Marke? Ist sie authentisch und stimmig? Beschreibt sie das, was meine Marke vermitteln will?

Je authentischer und stimmiger die Geschichte, desto glaubwürdiger ist sie für Ihre Kunden!

2. Löst die Geschichte Emotionen aus?

Haben Sie Mut zum Gefühl, denn jede gute Geschichte weckt starke Emotionen. Emotionen sind der Schlüssel zur Verankerung des Inhalts in den Köpfen der Konsumenten.

3. Fällt die Geschichte auf und ist sie spannend?

Gute Geschichten fallen auf und halten das Interesse der Kunden an der Marke wach, damit sie sich tief in deren Erinnerung graben.

4. Welche Bilder werden durch die Geschichte ausgelöst? Sind es die gewünschten Bilder zu meiner Marke?

Storytelling beeindruckt mit einer klar definierten Bild- sowie Sprachwelt und löst bei den Kunden die entsprechenden Markenbilder aus.

5. Ist Ihre Markenstory so stark, dass man über sie sprechen wird?

Erfolgreich sind die Geschichten, über die man spricht.

Bewuss

sein,
das
Werte
schafft

„*Es ist nicht schwierig,
Entscheidungen zu treffen,
wenn man seine Werte kennt.*"

Roy Disney, amerikanischer Drehbuchautor,
Produzent, Neffe von Walt Disney

Seit einiger Zeit wird nicht nur eine intensive Diskussion um den ökonomischen Wert von Marken („Brand Equity") geführt, sondern auch um die
kulturellen Werte („Brand Values"), die Marken zugerechnet werden.[36] Dabei
ist die Brand-Equity-Debatte in erster Linie auf Unternehmen ausgerichtet, die Debatte um den Brand Value vornehmlich auf Konsumenten.

Kai-Uwe Hellmann vom Institut für Konsum- und Markenforschung macht
in seinem Beitrag „Wert und Werte einer Marke" deutlich, wie sich die
kulturellen und ökonomischen Werte gegenseitig bedingen. Der ökonomische Wert einer Marke hängt nach Hellmann davon ab, welche kulturellen
Werte einer Marke zugerechnet werden und wie sich ihre Performance
dazu verhält. Demnach bestimmt sich der ökonomische Wert einer Marke
aus dem Anspruch, bestimmte kulturelle Werte zu verkörpern (= Sollwert
einer Marke), und der Art und Weise, wie sie diesem Anspruch gerecht wird
(= Istwert einer Marke).[37]

*Welche Werte eine Marke aber verkörpern sollte, hängt von den Bedürf-
nissen der Kunden ab.* Diese wiederum werden ganz klar bestimmt von
der gesellschaftlichen Situation, in der sich die Kunden gerade befinden.

Der Weg zur Bewusstseinsgesellschaft

Haben Sie sich schon einmal überlegt, wo unsere Gesellschaft heute
steht? Keine Gesellschaft ist statisch, sondern verändert sich laufend –
manchmal langsam, manchmal auch abrupt. Werfen wir einen kurzen Blick
auf die historische Entwicklung der verschiedenen Gesellschaftsformen:

Vor der industriellen Revolution waren alle europäischen Gesellschaften
Agrargesellschaften – Deutschland noch bis Ende des 19. Jahrhunderts.
Auf die Industriegesellschaft, die in Deutschland bis in die 1970er-Jahre
dauerte, folgte die Informationsgesellschaft. Hier liegt der Fokus darauf,

produktiv und kreativ mit Information und Wissen umzugehen, sie zu gewinnen, zu speichern, zu verarbeiten, zu vermitteln und zu nutzen. Dabei prägt der Einsatz neuer Informations- und Kommunikationstechnologien das Zusammenleben, das Arbeiten und das Wirtschaften durch und durch.

Anders als in den vorhergehenden Gesellschaftsformen scheinen die Grundbedürfnisse des Menschen in der Informationsgesellschaft größtenteils befriedigt zu sein. Nun rückt die körperliche Gesundheit ebenso wie das geistige und seelische Wohlergehen ins Zentrum. Immer mehr Menschen sind auf der Suche nach Sinn, nach Emotionen, nach Individualität, nach Gesundheit und vor allem – nach Glück.

Somit spricht vieles dafür, dass die Bedürfnisse der Menschen der Informationsgesellschaft im Bereich des Bewusstseins liegen. Analog folgt nach der Informationsgesellschaft die sogenannte Bewusstseinsgesellschaft, in der die Weiterentwicklung des eigenen Bewusstseins und der eigenen Persönlichkeit eine zentrale Rolle spielt. In einer Bewusstseinsgesellschaft erforschen die Menschen Wege und Strategien, um ihre Lebensqualität zu verbessern.[38]

Die Renaissance der Werte

Die Wirtschaft erlebt derzeit eine Renaissance der Werte: Nachhaltigkeit, Ehrlichkeit, Vertrauen, Verantwortungsbewusstsein, Zuverlässigkeit, Mut und Engagement spielen eine zentrale Rolle. Gelebte Werte werden zum Schlüssel des Erfolgs, weil das Spannungsfeld zwischen der Wertschätzung traditioneller Grundsätze und nachhaltiger Innovation enorme Energien freisetzt. Werte werden Grundlage eines wirklichen Wandels im Bewusstsein – sowohl von Menschen als auch von Unternehmen. Dabei sind wir vor große Herausforderungen gestellt. Denn der Wert einer werteorientierten Unternehmensführung und auch der Wert einer werteorientierten Markenführung lassen sich nicht quantifizieren, nicht eindeutig beziffern, sondern nur vage einschätzen. Das „traditionelle" Gedankenmodell des Managements („Man kann nur managen, was man auch messen kann") greift hier nicht, denn es geht um mehr: *Werte schaffen Wert – sowohl finanziell als auch ideell!*

„Führen Sie mit Werten! Begreifen Sie das Wechselspiel zwischen Führungsstil und Managementsystem als Basis einer erfolgreichen ethischen Unternehmensführung."
Dr. Dr. Cay von Fournier

Viele Unternehmen haben verstanden, dass die oben genannten Werte auch in Bezug auf die Kunden eine Renaissance erfahren. Darauf gehen sie ein und positionieren ihre Marken entsprechend – wie zum Beispiel der Landwirtschaftsverlag in Münster mit seinem Magazin Landlust. Thematisch werden in diesem Magazin vor allem die Rubriken Garten, Küche/Rezepte, Ländlich Wohnen, Landleben und Natur behandelt. Dabei stehen meist Entspannung vom Alltag und eine klare Abgrenzung gegenüber der immer schnelllebigeren Gesellschaft, ganz im Sinne von „Entschleunigung" und „Zurück zur Natur" im Fokus. Der Puls der Zeit wurde erkannt im Hinblick auf die Bewusstseinsgesellschaft und damit eine rasante Erfolgsgeschichte geschrieben. Thematisch wurde eine Nische entdeckt, die auf dem deutschen Zeitschriftenmarkt bis dahin kaum bedient wurde, sodass in einem sonst übersättigten Markt das 2005 gegründete Magazin bereits im Frühjahr 2012 eine Auflage von über einer Million erreichte. Heute zählt Landlust zu den größten Lifestyle-Publikumszeitschriften und auflagenstärksten Kaufzeitschriften in Deutschland.

Mit Werten Markenwert schaffen

Aufgrund der Renaissance der Werte benötigen Marken für den langfristigen Erfolg neben dem Leistungsversprechen auch eine eindeutige, gelebte Werthaltung. Das bestätigt auch die 2015 erschienene Studie „Brands ahead – Zukunftsfähigkeit der Marke" von TNS Infratest und Grey

Deutschland, die mit der Unterstützung des Deutschen Marketing-Verbands und des Markenverbands durchgeführt wurde.[39]

Das Thema Nachhaltigkeit hat nicht zuletzt auch vor diesem Hintergrund in den letzten Jahren zunehmend an Bedeutung gewonnen. Viele Konzerne wissen dies, reden auch darüber, doch für viele von ihnen ist es nach wie vor Neuland. Dass sich Unternehmen künftig intensiver mit dem Thema beschäftigen sollten, zeigen aktuelle Markenerhebungen wie beispielsweise die Studie „Nachhaltigkeit 2015" von absatzwirtschaft und Defacto Research & Consulting[40]. Diese legt dar, dass Kunden gesteigertes unternehmerisches Verantwortungsbewusstsein künftig als Commodity einfordern. In der Studie wurden nicht nur die Erwartungen von Konsumenten in puncto Nachhaltigkeit analysiert, sondern erstmalig der „Sustainability Engagement Index" für 100 Einzelmarken erhoben, der das Engagement der Unternehmen in Sachen nachhaltiges Handeln aus unmittelbarer Kundensicht widerspiegelt. Er erfasst die ökologische (u.a. schonender Umgang mit Wasser, Rohstoffen und Energie), soziale (u.a. soziales Engagement, faire Arbeitsbedingungen) und ökonomische (u.a. Einhaltung von Datenschutzregelungen, Langfristorientierung) Säule der Nachhaltigkeit.

Ein Unternehmen, das tatsächlich Nachhaltigkeit als Unternehmensphilosophie umsetzt, steigert die Rentabilität und damit seinen Markenwert. Da waren sich bereits die Experten auf dem Kongress „Nachhaltigkeit & Marke" am 24. Februar 2013 in Berlin einig. Die Rückverfolgbarkeit von Waren und Transparenz in der gesamten Wertschöpfungskette werden immer wichtiger und entscheidend für den Erfolg einer Marke. Ein gutes Beispiel dafür ist die Marke FRoSTA, die durch eine konsequente Ausrichtung ihrer Produkte auf Nachhaltigkeit in den letzten zehn Jahren verlorene Marktanteile zurückerobern und jüngst das erfolgreichste Jahr in der Firmengeschichte verzeichnen konnte.

So schaffen Sie Bewusstsein für die Werte Ihrer Marke!

Für Ihren Markenauftritt spielt es eine große Rolle, welche Werte Ihr Unternehmen verkörpert und welche Werte sich in der Marke widerspiegeln.[41] Das sollte nicht aus dem Zufall heraus entstehen.

Aber vielleicht haben Sie Ihre Werte bereits in Ihrem Leitbild formuliert? Umso besser. Falls Sie diese auf den Prüfstand stellen oder grundsätzlich Ihre Werte klären möchten, stelle ich Ihnen ein hilfreiches Werkzeug vor. Insgesamt wurden 60 Aspekte ausgewählt, die Sie als Grundlage für das Wertesystem Ihres Unternehmens und Ihrer Marke prüfen können.[42]

Empfehlenswert ist es, die folgenden Aufgaben gemeinsam mit Ihrem Team in Form eines Workshops zu erarbeiten.

---

1. Zunächst geht es um Ihre Unternehmenswerte. Sollten Sie diese bereits in Ihrem Leitbild definiert haben, so arbeiten Sie bitte in diesem ersten Schritt mit den in Ihrem Leitbild verankerten Werten. Falls nicht, bedienen Sie sich der rechts aufgeführten Werte (selbstverständlich können Sie hier auch Ergänzungen vornehmen) und wählen Sie die wichtigsten für Ihr Unternehmen aus. Danach differenzieren Sie diese bitte nach den folgenden Clustern:

---

a) Differentiatoren, d.h. die Werte, die abgrenzen und besonders machen

---

b) Kernwerte, d.h. die Werte, die Ihr Unternehmen wirklich ausmachen

---

c) Substanzwerte, d.h. die Werte, die auch all Ihre Wettbewerber mitbringen müssen, um erfolgreich zu sein

---

Mut	Spaß	Transparenz
Sicherheit	Exzellenz	Stärke
Zuverlässigkeit	Flexibilität	Natur
Image	Idealismus	Präzision
Qualität	Integrität	Komfort
Einfachheit	Vertrauen	Genuss
Innovation	Begeisterung	Design
Nachhaltigkeit	Kultur	Verständlichkeit
Umwelt	Dynamik	Verlässlichkeit
Beständigkeit	Funktionalität	Kundennähe
Sinn	Umsatz	Verantwortung
Loyalität	Gesundheit	Authentizität
Unabhängigkeit	Anerkennung	Gelassenheit
Lernen	Unterscheidbarkeit	Ruhe
Freundlichkeit	Ethik	Tradition
Andersartigkeit	Engagement	Ehrlichkeit
Optimismus	Lebensfreude	Kompetenz
Leistung	Experte	Freiheit
Individualität	Fairer Preis	Internationalität
Kreativität	Ästhetik	Freude

Beispiele für Unternehmenswerte

2. Der Fokus liegt im zweiten Schritt auf den Differentiatoren und den Kernwerten Ihres Unternehmens. Analysieren Sie jetzt bitte diese für Ihr Unternehmen wichtigsten Werte und fragen Sie sich:

    a) Was genau verstehen die Mitarbeiter in Ihrem Unternehmen unter diesen Werten?

    b) Wie kann das gesamte Unternehmen diese Werte leben?

3. Jetzt geht es um die Werte Ihrer Marke. Haben Sie bereits die Markenwerte definiert, so arbeiten Sie bei dieser Aufgabe mit diesen Werten. Falls nicht, so nehmen Sie als Grundlage die oben genannten 60 Werte und wählen aus diesen 20 aus, die für Ihre Marke stehen.

    Aus diesen 20 Werten wählen Sie bitte wiederum die drei wichtigsten Werte aus. In der Regel hilft es, diese drei „Markenkernwerte" mit jeweils drei weiteren beschreibenden Werten zu konkretisieren – idealerweise aus den 17 verbleibenden wichtigsten Werten, die Sie zuvor ausgewählt haben. Und schon haben Sie Ihr Markenleitbild entwickelt!

Wie Sie Ihr Ergebnis visualisieren können, sehen Sie an dem Markenleitbild-Beispiel einer potenziellen Love Brand in der Abbildung rechts.

Gern können Sie sich auch dieses „Workshop-Diagramm Markenleitbild" als Vorlage für sich selbst und zum Workshop mit Ihrem Team unter www.drdanne.de herunterladen. In den Innenkreis des Workshop-Diagramms tragen Sie die Kernwerte Ihrer Marke ein und in den äußeren Kreis die jeweils beschreibenden Werte.

Je mehr Überschneidungen Sie jetzt zwischen den Unternehmenswerten – vor allen den Differentiatoren und Unternehmenskernwerten – und Ihren Markenwerten finden, umso besser. Je weniger Überschneidungen Sie entdecken, umso mehr Optimierungspotenzial ist gegeben.

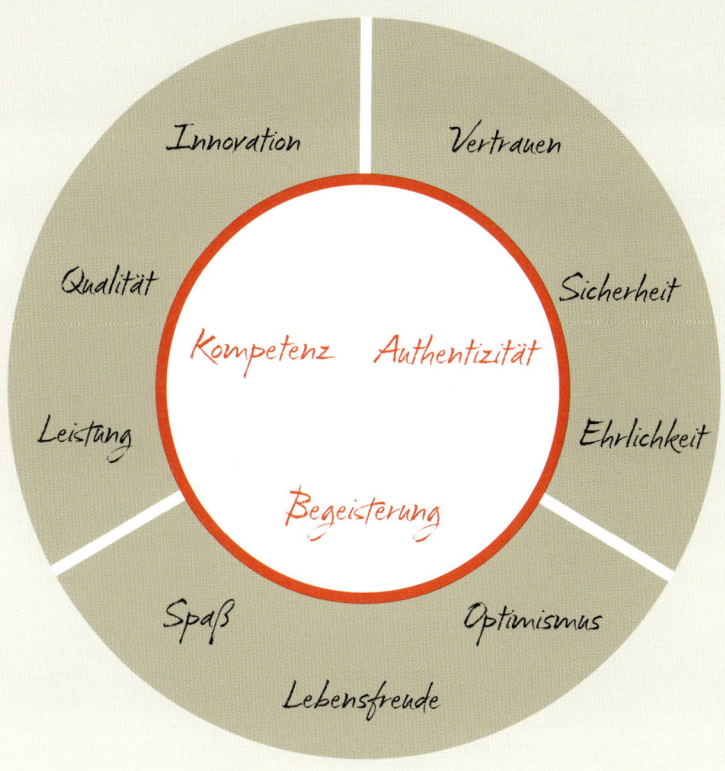

Beispiel eines Markenleitbildes einer potenziellen Love Brand

---

4. Beantworten Sie zu jedem der drei wichtigsten Werte für Ihre Marke zunächst die folgenden zwei Fragen:

a) Was genau verstehen die Mitarbeiter in Ihrem Unternehmen unter diesen Werten?

b) Wie kann das gesamte Unternehmen diese Werte leben?

Sie werden sehen: *Wenn das Bewusstsein in Bezug auf die Werte Ihrer Marke geschärft ist, dann werden diese Werte auch echten Wert schaffen.*

Emo

tionen,
die
bewegen

„Gedanken machen groß,
Gefühle reich.“

Marcus Fabius Quintilianus

Wie wichtig Emotionen für Kaufentscheidungen sind, haben Sie bereits im ersten Kapitel erfahren. Sie sind – so zeigen die Ausführungen – ein zentraler Schlüssel zum Verkaufserfolg von Marken.

Die Erfolgsstorys von Unternehmen, Produkten und Werbekampagnen bestätigen die Bedeutung positiver Emotionen. Erfolgreiche Unternehmen wie beispielsweise McDonald's oder Porsche schaffen es, bei Kunden gute Gefühle auszulösen. Weltweit bekannte Produkte wie Coca Cola und Harley Davidson werden von ihren Fans geliebt, weil sie ein positives Lebensgefühl vermitteln.

Preisgekrönte Werbekampagnen von Marlboro, die auf Freiheit und Abenteuer abzielen, oder von der Telekom (mit dem britischen Tenor Paul Potts und Bob Carey, dem Mann im rosa Tutu) funktionieren nach dem gleichen Prinzip: Sie vermitteln positive Emotionen, die die Menschen berühren. Gelingt es Ihnen, Gänsehaut oder Tränen im positiven Sinne auszulösen, haben Sie gewonnen.[43] *Je stärker die positiven Emotionen sind, die von einer Marke verursacht werden, desto wertvoller ist diese Marke für das Gehirn.*

Berühren Sie die Herzen Ihrer Kunden – aber wie?

Fragen Sie sich: Welche Ansatzpunkte der Emotionalisierung gibt es bei Ihrer Marke? Welche Wow-Effekte können Sie bei Ihren Kunden auslösen? Wie können Sie die Herzen Ihrer Kunden berühren?

Ein kleines Wow-Beispiel aus dem Servicealltag einer Mini-Werkstatt in München zeigt, dass Emotionalisierung – oftmals ganz einfach und unkompliziert – umgesetzt werden kann: Als meine Freundin ihren Mini – sie nennt ihn zärtlich „Mein Liebster" – von einer großen Inspektion in der Werkstatt abholte, klebte auf dem Lenkrad ihres „Liebsten" ein Post-it mit der Message

Sie können sich nicht vorstellen, was diese kleine Aufmerksamkeit des Servicemitarbeiters, der um die liebevolle Beziehung meiner Freundin zu ihrem Mini wusste, bei meiner Freundin ausgelöst hat. Sie hat deren Herz so sehr berührt, dass sie diese Geschichte bis zum heutigen Tag jedem erzählt. Solche emotionalisierenden Kleinigkeiten, die oft so gut wie nichts kosten, dienen nicht nur der Kundenbindung und -pflege, sondern auch dem „Neugierigmachen" durch Mundpropaganda. Denn was ist authentischer als die emotionale Erzählung eines Freundes oder Bekannten?

Emotionen sind in ihrer Stärke variabel. Wenn wir uns einfach wohlfühlen, kann sich diese Stimmung in eine freudige Zufriedenheit steigern. Wenn die Glückshormone in unserem Gehirn toben – wie bei meiner Freundin, als sie ihren Mini mit der berührenden Message abholte –, dann hüpfen wir vor Freude. Und genau das ist es doch, was Sie mit Ihrer Marke erreichen wollen.

Mit Erlebnissen Menschen bewegen

Auch Erlebnisse schaffen Emotionen und diese wiederum verankern sich in den Herzen der Konsumenten. Für BMW und Hubert Burda Media durfte ich 2006 die erste BMW Style Tour entwickeln. Eine Tour, für die sich Frauen allein oder zusammen mit ihren Freundinnen bewerben konnten. Aus allen Bewerbungen – wir bekamen einige Tausend – wurden 24 Teilnehmerinnen ausgewählt und zu der Tour eingeladen. Die erste Tour startete in München mit einem Fahrertraining mit Prinz Leopold von Bayern, dem Markenbotschafter von BMW. Die Teilnehmerinnen waren von den variantenreichen BMW-Modellen, die die „Freude am Fahren" wahr werden ließen, fasziniert. Am nächsten Tag wurde die Tour zum Comer See „auf den Spuren von George Clooney" fortgesetzt. Bei der nächsten Etappe „Shopping in Mailand" ließen die Teilnehmerinnen, begleitet von der Mode-Chefredaktion aus dem Hause Burda, die Kreditkarten glühen. Die Shopping-Erfolge wurden dann im Cavalli Club gefeiert. Um die Eindrücke adäquat verarbeiten zu können, wurde auf dem Weg von Mailand zurück nach München noch ein Zwischenstopp in einem wunderschönen Wellnesshotel am Gardasee eingelegt. Nach der dreitägigen Tour hieß es dann in München Abschied nehmen von den tollen BMW-Modellen, aber auch von der Truppe, die sich – trotz der sehr unterschiedlichen Frauen und Charaktere – zu einer ganz besonderen Community entwickelt hatte.

Die Community wurde während ihrer Tour online – zum Beispiel durch Blogs – von mehreren tausend Fans begleitet. In den darauffolgenden Wochen und Monaten konnte sie, sowie viele andere, über Nachberichterstattungen in Printmedien die Tour Revue passieren lassen. Der gleiche Community-Gedanke war noch die nächsten zwei Jahre zu spüren, in denen die BMW Style Tour auf Mallorca in Form einer Sternenfahrt fortgesetzt wurde. Noch heute tragen die Teilnehmerinnen die mit „BMW Style Tour" gebrandeten T-Shirts, Taschen und sonstigen Utensilien, die sie an diese tollen Erlebnisse erinnern. BMW hat dabei ganz nebenbei zahlreiche Fahrzeuge abgesetzt.

Ähnliche Erfahrungen durfte ich mit der Porsche Sylt Tour 2012 erleben, die ich für meinen Kunden Porsche organisiert habe. Bei diesem Event zahlten allerdings die Teilnehmerinnen eine Teilnahmegebühr von über 1.000 Euro. Ein Beitrag für das Testen mehrerer Porsche-Modelle mit Fahrertraining, einem Abstecher nach Dänemark und Inseltouren, auf denen die Teilnehmerinnen die „Faszination Porsche" erlebten. Spaß, Freude, Wellness in einem Fünf-Sterne-Hotel und ein exklusives Fotoshooting mit entsprechendem Styling waren geboten. Das ließ die Frauenherzen höher schlagen. Noch heute treffen sich die Teilnehmerinnen und lassen – zum Teil mit ihrem neuen Porsche – die erlebte Faszination im Rahmen dieser einzigartigen Community Revue passieren.

Aktivieren Sie die Sinnesorgane Ihrer Kunden

Hören, Sehen, Fühlen, Riechen, Schmecken – all das kann Emotionen auslösen und verstärken, und zwar auf eine so intensive Art und Weise, dass sich ein Mensch dem wohl nur schwer entziehen kann. Und genau das wollen wir mit unseren Marken ja erreichen.

Der Sinn für Musik, die Fähigkeit, sich von Klängen berühren zu lassen, ist im Menschen – und damit auch in jedem Kunden – tief verankert. Seit Jahrhunderten funktioniert der Hörsinn quasi als Alarmanlage. Sobald ein Geräusch oder ein Ton das Ohr erreicht, springt das gesamte System der Informationsverarbeitung im Gehirn an. Akustische Reize werden viel schneller verarbeitet als visuelle Eindrücke. Musik kann Gänsehaut auslösen. Denken Sie nur an Elton Johns Song „Candle in the Wind", den er zur Beerdigung seiner Freundin Diana, der Prinzessin von Wales, sang. Musik kann auch zum Träumen bringen. Denken Sie dabei an Ihren Lieblingssong und Sie werden wissen, was ich meine. Musik kann beim Entspannen unterstützen. Musik kann uns auch helfen, von einem weniger erwünschten psychischen Zustand in einen erwünschteren zu wechseln – so lässt sie gute Laune aufkommen, wenn wir mal nicht so gut drauf sind.

Sie kennen das sicher: Sie landen nach einem anstrengenden Tag auf Ihrem Heimatflughafen und denken: „Jetzt nur noch so schnell wie möglich nach Hause!" Ähnlich fühlte ich mich, als ich an einem typischen Hamburger Regenabend gelandet war und ein Taxi ansteuerte. Der Taxifahrer indischer Herkunft war sehr nett, gut gekleidet und das Taxi roch zudem noch sehr angenehm. Ich dachte mir: „Glück gehabt!" Im Taxi sitzend fragte mich der Fahrer in seinem charmant klingenden Deutsch mit indischem Akzent, ob Musik okay sei. Ich bejahte und dachte, dass mich dies sicherlich entspannen würde. Als er mich dann jedoch fragte, ob er dazu auch singen dürfte, war ich mir nicht mehr sicher, ob das mit der Entspannung wirklich funktionieren würde. Da ich grundsätzlich ein neugieriger Mensch bin, stimmte ich auch diesmal zu und war gespannt. Und so sang er dann voller Inbrunst „Oh Dschermany, we looove you" und fuhr beschwingt durch das abendliche Hamburg. Das Lied – spannend, witzig, energiereich – verbreitete gute Laune und ließ mich den Stress des Tages einfach vergessen. Als wir vor meiner Tür hielten und das Lied noch nicht beendet war, bat ich ihn, doch noch eine Runde um den Block zu fahren. Danach hatten wir, d.h. Lovely – der Name ist Programm – und ich, eine sehr interessante Diskussion. Ich konnte ihm ein paar gute Impulse zur Verbreitung dieses einzigartigen Taxiangebotes geben, die er zusammen mit seinem ebenfalls taxifahrenden Bruder Monty umsetzte. Mittlerweile waren die Bhangu Brothers Lovely und Monty, die vor 30 Jahren nach Deutschland kamen, als Duo oft in Funk und Fernsehen und haben es sogar bis zu Barbara Schöneberger geschafft. Konsequenterweise gibt es auch CDs, mit denen man sich die Fröhlichkeit der singenden indischen Taxifahrer nach Hause oder ins eigene Auto holen kann.

Musik kann bestehende Emotionen wie Freude und Glücksgefühle bis hin zu Rauschzuständen verstärken. Im Rausch war wohl auch Friedrich Liechtenstein, als er mit „Super Markt. Super Marke. Super geil" seinen ersten, sehr erfolgreichen viralen Hit für Edeka platzierte. Mit diesem Webspecial, das Anfang 2014 und auch noch viele Wochen danach ein Hype im Internet war, wurden insbesondere die jüngeren Zielgruppen erreicht. Das Ergebnis: Das Werbespecial hatte in den ersten 20 Stunden bereits mehr als 200.000 Klicks, bis Ende Juni 2014 wurde es über elf Millionen Mal angesehen. Ein echter Internet-Hit. Mehrere weitere, ebenso erfolgreiche virale Hits folgten. Dabei waren es aber nicht nur die Songs, die die Zielgruppe stimulierten, sondern auch die witzig verfilmten Szenen.

Lange Zeit galten TV-Spots als die Markenbildner schlechthin. Denken Sie doch mal an Clementine von Ariel oder Herrn Kaiser von der Mannheimer. Heutzutage reicht das – gerade auch vor dem Hintergrund der Informationsüberflutung – nicht mehr aus: Der Kunde wird nicht nur via TV (manche meiner Freunde haben sogar bewusst keinen Fernseher mehr), sondern eher über andere Kanäle – insbesondere über das World Wide Web - erreicht. Eine integrierte multimediale Kommunikationsstrategie ist damit unumgänglich. Schafft man es darüber hinaus auch noch, den Kunden die Marke fühlen und/oder riechen zu lassen, so ist einem das emotionale Involvement sicher.

Die zuvor genannten Beispiele der BMW Style Tour und der Porsche Sylt Tour machen deutlich, wie leicht es ist, den Kunden eine Marke fühlen zu lassen. Im Automobilbereich reicht eine einfache Probefahrt in der Regel schon aus, wenngleich eine Eventunterstützung wie in den genannten Beispielen natürlich die Emotionen verstärkt. Auch bei anderen Produkten spielt das Fühlen eine große Rolle. Haben Sie schon einmal die Creme von La Prairie auf Ihrer Haut sanft einmassiert? So weich, so samtig ... Nicht nur meine Freundin Barbara, die wirklich schon viele Cremes ausprobiert hat und hier sehr anspruchsvoll ist, sondern viele weitere La Prairie-Anwenderinnen wissen, wovon ich spreche: Es ist einfach ein ganz besonderes Gefühl, das dann noch mit dem unverkennbaren La Prairie-Geruch kombiniert wird.

Gerüche sind natürlich eine sehr subjektive Wahrnehmung. Die einen lieben den Kaffeeduft, der einem zum Beispiel bei Dallmayr in München entgegenströmt, die anderen tangiert der Geruch überhaupt nicht. Ein Unternehmen, das es mit den Düften wohl ein wenig übertrieben hat, ist Abercrombie & Fitch. Achten Sie bei Ihrem nächsten Besuch dort mal auf den Geruch, sofern er Ihnen nicht schon in der Fußgängerzone „entgegengeblasen" wird. Der mit Lockstoffen angereicherte Raumspray des amerikanischen Modelabels steht dafür in der Kritik. In München wurde die Geruchsoffensive, die zum Markenkonzept von Abercrombie & Fitch gehört, zu einer amtlichen Angelegenheit, da sich immer mehr Münchener – vor allem auch Nachbarn – über die Geruchsbelästigung beschwerten. Nach eingehender Prüfung folgte ein entsprechender Warnbrief des Gesundheitsreferates. Sie sollten also – sofern Sie Ihre Marke durch wohlriechende Düften anreichern möchten – auf die richtige Dosierung achten.

Ja, und natürlich kann man Marken auch schmecken. Denken Sie dabei nur an den unverkennbaren Geschmack von nutella, der uns aus unserer Kindheit bekannt ist.

So gewinnen Sie die Herzen Ihrer Kunden!

Bevor Sie jetzt mit energiereichem Aktionismus die eine oder andere der aufgeführten Maßnahmen ergreifen, um Ihre Marke emotional aufzuladen, sollten Sie sich erst einmal fragen, welche Emotionen Sie mit Ihrer Marke bei Ihrer Zielgruppe auslösen wollen.

Hierzu nehmen Sie bitte das im vorangegangenen Kapitel entwickelte Leitbild Ihrer Marke. Wenn Sie sich Ihre Markenkernwerte und die dazugehörigen beschreibenden Werte ganz genau anschauen, sollte eigentlich klar sein, welche Emotionen mit Ihrer Marke hervorgerufen werden sollten.

Anhand Ihres Markenleitbilds, des ausgefüllten Workshop-Diagramms zu Ihren Markenwerten und den folgenden Fragen sollten Sie jetzt mit Ihrem Team brainstormen, mit welchen Maßnahmen diese Markenwerte gegenüber der Zielgruppe emotionalisiert werden können.

Ist beispielsweise der Wert Freude in Ihrem Markenleitbild verankert, überlegen Sie, wie Sie Ihrer Zielgruppe – unabhängig von dem Produkt selbst - eine extrem große Freude mit Wow-Effekt bereiten könnten. Ziel muss es sein, die Emotionen durch passende Maßnahmen so sehr zu verstärken, das sich Ihre Zielgruppe Ihrer Marke nicht mehr entziehen kann.

1. Welche „Wow"-Effekte können Sie Ihren Kunden bieten?

2. Worüber freuen sich Ihre Kunden/Zielgruppen in Zusammenhang mit Ihrem Produkt/Ihrer Dienstleistung am meisten?

3. Mit welchen Erlebnissen oder Events können Sie die Herzen der Kunden berühren?

4. Welche Emotionen sollen mit Ihrer Marke hervorgerufen werden? Zum Beispiel

a) das Gefühl der Sicherheit

b) das Gefühl der Verlässlichkeit

c) das Gefühl der Unabhängigkeit

d) das Gefühl der Freude

e) das Gefühl der Freiheit

f) das Gefühl der Individualität

g) das Gefühl der Anerkennung

...

5. Wie erreichen Sie das?

6. Welche Sinne Ihrer Kunden/Zielgruppen können Sie ansprechen? Bitte notieren Sie zu jedem Sinn Ideen:

a) Sehen

b) Riechen

c) Schmecken

d) Hören

e) Fühlen

Num

mer 1 sein und bleiben

„Kein Sieger glaubt an den Zufall."

Friedrich Nietzsche

WER
WILL NICHT
DIE NUMMER 1
SEIN?

Wer will nicht die Nummer 1 sein? Der Antrieb, Erster sein zu wollen, zeigt sich schon bei Kleinkindern in Situationen, in denen man gewinnen oder verlieren kann. Kein Wunder, denn die Motivation, Leistung zu bringen und Erfolge zu erzielen, ist den Menschen angeboren. Das Bedürfnis nach Bestätigung erwacht dann später, sobald das Kind beginnt, bewusst zwischen sich und anderen zu unterscheiden.

Wenn ich an meine Schulzeit zurückdenke, war es immer die Ehrenurkunde, die ich von den Bundesjugendspielen, oder die beste Arbeit in Mathematik, die ich mit nach Hause bringen wollte. Nicht nur deshalb, weil ich meine Leistungen damit bestätigt sah, sondern auch deshalb, weil es dafür Anerkennung gab. Die Ehrenurkunde, die Note 1 ebenso wie die kleine Prämie, die ich von meinen Eltern bekam, bestätigten mich, gaben mir Anerkennung und ein gutes Gefühl.

Süchtig nach Anerkennung – das sind auch Ihre Kunden

„Süchtig nach Anerkennung", so betitelte Die Zeit ihren Beitrag, in dem sie sich mit dem Thema auseinandersetzte, dass Menschen von anderen gemocht und geachtet werden wollen – und zwar unter allen Umständen![44]

Schauen Sie sich zum Beispiel Sportler an. Manche trainieren bis zur totalen Erschöpfung. Sie nehmen alles in Kauf, um die Nummer 1 und damit der Beste zu sein. Egal ob Profi oder Amateur – wir streben nach den besten Leistungen. Manchmal sind diese Leistungen objektiv die besten, manchmal geht es darum, den eigenen Rekord zu brechen. Als ich zum Beispiel meinen ersten Marathon in New York lief, hatte ich nur ein Ziel: durchkommen. Nein, ich wollte nicht die Nummer 1 des gesamten Feldes sein, ich wollte einfach nur für mich selbst gewinnen – sprich meine Nummer 1 sein – und das hieß für mich, die Ziellinie zu passieren. Hintergrund war, dass ich nie geplant hatte, einen Marathon zu laufen, sondern nur eine Management-Lauftruppe zum New-York-Marathon zu begleiten. Kurz vor dem Start fiel jedoch eine Läuferin aus gesundheitlichen Gründen aus, so dass ich meinem Versprechen gegenüber dem Organisator, einzuspringen, falls jemand nicht laufen könne, nachkommen wollte. So war mir am Ende des Tages nicht die Zeit wichtig, sondern es gab nur ein Ziel: im Central Park über die Ziellinie zu laufen … und genau in diesem Moment fühlte ich mich als Gewinner. Ich fühlte mich klasse, stolz, erleichtert. Ich fühlte mich überglücklich. Sicher nicht weniger als der Gewinner des gesamten Marathons, objektiv gesehen die Nummer 1 des Marathons. Dieses Gefühl wurde gekrönt von der Anerkennung und dem Respekt der Management-Truppe, die ich jetzt nicht nur nach New York begleitet hatte, sondern mit der ich den Marathon auch gelaufen war.

Wir wollen immer die Nummer 1 sein – und so sollen es auch unsere Marken sein. Sie sollen den Kunden das Gefühl vermitteln, die beste Wahl getroffen, ja, sich für den Gewinner entschieden zu haben.

Ihre Marke soll Gewinner im Kopf der Kunden sein

Aber wie schafft es Ihre Marke, die Nummer 1 zu werden und zu bleiben? Wie kann die Position Ihrer Marke langfristig im hartumkämpften Wettbewerb bestehen? Ganz einfach: indem Sie immer wieder nach der Nummer 1 streben, indem Sie sich immer wieder darum bemühen, dass Ihre Marke der Gewinner im Kopf der Konsumenten ist. Wie bei einem Sportler bedeutet dies tagtäglich harte Arbeit. Wenn Ihre Marke einmal die Nummer 1 ist, heißt es nicht, dass sie es auch künftig sein wird. Dafür müssen Sie kämpfen, dafür müssen Sie „schwitzen", dafür müssen Sie investieren.

Die zuvor aufgeführten Erfolgsfaktoren – Leidenschaft, Innovationen, Geschichten, Werte, Emotionen – helfen Ihnen dabei, dass Ihre Marke die Nummer 1 in den Köpfen der Konsumenten wird und auch bleibt. Die Erfolgsfaktoren unterstützen Sie dabei, dass Ihre Marke langfristig von Ihren Kunden geliebt wird.

Eine Marke, die es geschafft hat, von ihren Kunden geliebt zu werden, ist die Sansibar. Wer kennt sie nicht, die beiden gekreuzten Schwerter und die Geschichte dahinter, in der der Schwabe Herbert Seckler die Hauptrolle spielt und die Erfolgsstory „Vom Tellerwäscher zum Millionär" authentisch inszeniert?

1974 kam Seckler mit 22 Jahren nach Sylt und kaufte einen Strandkiosk, in dem er Hausmannskost, Würstchen, Pommes und Linsensuppe anbot. Außerhalb der Saison arbeitete der von Existenzsorgen geplagte Seckler auf Butterschiffen. 1982 brannte das damals kaum bekannte Strandrestaurant Sansibar ab, woraufhin sich Seckler entschloss, eine größere Sansibar wiederaufzubauen. 2009 wurde Herbert Seckler vom Gastronomiekritiker Gault Millau als „Restaurateur des Jahres" geadelt und die Sansibar mit 13 Punkten ausgezeichnet.

Was ist nun das Geheimnis der vermeintlichen „Bretterbude", die für die meisten Sylt-Urlauber zu einer Art Pilgerstätte, zum Nummer-1-Restaurant auf der Insel geworden ist? Eine Kombination aus vielen Facetten. Zu den prägnantesten zählt zunächst die unermüdliche Leidenschaft des gesamten Sansibar-Teams – allen voran des Gastronomen selbst. Herbert Seckler, den ich schon lange Jahre persönlich kenne, schaut nahezu täglich in der Sansibar nach dem Rechten und ist immer zu einem Plausch mit seinen Gästen bereit – egal, ob Promi oder nicht.

„Ich kenne die Bude schon seit den frühesten Anfängen! Aus dem Grunde treffe ich dort auch viele Menschen, die ich kenne. Sehr oft natürlich Leute aus unserer Branche. Für sie ist die Sansibar wie ein ‚Uterus', der vor der Öffentlichkeit schützt, obwohl sich dort manchmal Hunderte von Sylt-Urlaubern aufhalten. Man wird nicht angegafft wie in der Westerländer Friedrichstraße – hier herrscht noch Respekt vor Jauch, Gottschalk, Krüger, Kerner, Waalkes, Dall und den ganzen Unterhaltungsheinis. Wer sich nicht daran hält, der fliegt raus – zumindest aus dem Reservierungscomputer. Die dürfen uns dann nur noch auf dem Bildschirm bewundern ..."
Karl Dall

Nicht nur Secklers eigene Sansibar-Geschichte, sondern auch diejenigen, die er während seiner gesamten Sansibar-Zeit erlebt hat, lassen die Gäste an seinen Lippen kleben. Sein Team trägt seinen Teil zum Erfolg bei, nicht zuletzt motiviert von Seckler selbst und natürlich von der Marke „Sansibar" an sich. Das Team bietet einen freundlichen Topservice und ist mit extremer Begeisterung bei der Sache.

Zum Erfolgsgeheimnis gehört auch die Innovationsfreude, die dazu führte, dass die Sansibar heute nicht nur eine „Bretterbude" mit einer sehr guten Küche und einer großartigen Weinkarte mit über 1.200 Positionen ist, sondern ein erfolgreicher Handelskonzern, in dem werteorientierte Unternehmensführung großgeschrieben wird.

Herbert Seckler hat es geschafft, das „Feeling" Sansibar durch eine Vielzahl an Merchandising Produkten auch außerhalb des Restaurants erlebbar zu machen. Dazu zählen sowohl Lebensmittel wie Sansibar-Prosecco, -Salz, -Pfeffer, -Senf, -Olivenöl, -Ölsardinen, als auch Non-Food-Artikel wie Kleidung, Taschen, Schuhe, Decken und andere Accessoires. Die Sansibar-Produkte können sowohl offline in den Sansibar-Stores – nicht nur auf Sylt, sondern deutschlandweit – als auch online im Sansibar-Online-Shop erworben werden. Sogar an Bord von Airberlin werden Sansibar-Weine sowie kulinarische Sansibar-Köstlichkeiten angeboten und an Bord der MS Europa befindet sich eine Bar namens „Sansibar".

All das sind die Gründe, warum das Restaurant im Sommer aus allen Nähten platzt, die Sansibar-Food-Produkte in den Küchen deutschlandweit und auch über die Grenzen hinaus eine ganz besondere Präsenz finden und die Sansibar-Fans die Non-Food-Produkte ihrer geliebten Marke mit Stolz tragen bzw. sie gern zur Schau stellen, ebenso wie das Piratenlabel auf ihren Fahrzeugen seinen Platz gefunden hat.

Das nachfolgende Diagramm versucht die Sansibar anhand unserer Erfolgsfaktoren zu visualisieren. Dazu habe ich die sechs Faktoren, die die Grundlage einer Love Brand bilden, jeweils an das Ende einer Achse gestellt. Die Achsen reichen von 0 bis 100 Prozent: An jeder der sechs Achsen lässt sich ablesen, inwieweit dieser Erfolgsfaktor bereits umgesetzt wird. 100 Prozent bedeuten, dass der betreffende Erfolgsfaktor vollends erfüllt ist, es besteht keinerlei Optimierungsbedarf.

Wie Sie an dem Diagramm für die Sansibar sehen, erreicht diese bei nahezu allen Erfolgsfaktoren fast 100 Prozent. Hier gibt es also kaum etwas zu optimieren. Grund genug, um zu sagen: „Herbert, alles richtig gemacht!"

Das Ergebnis der Grafik erinnert an einen Diamanten. Je größer der Diamant ist, desto mehr lieben Kunden diese Marke. Oder in den Worten von Marilyn Monroe analog ihres Liedes „Diamonds Are a Girl's Best Friend" ausgedrückt: desto mehr wird die Marke zum besten Freund des Kunden.

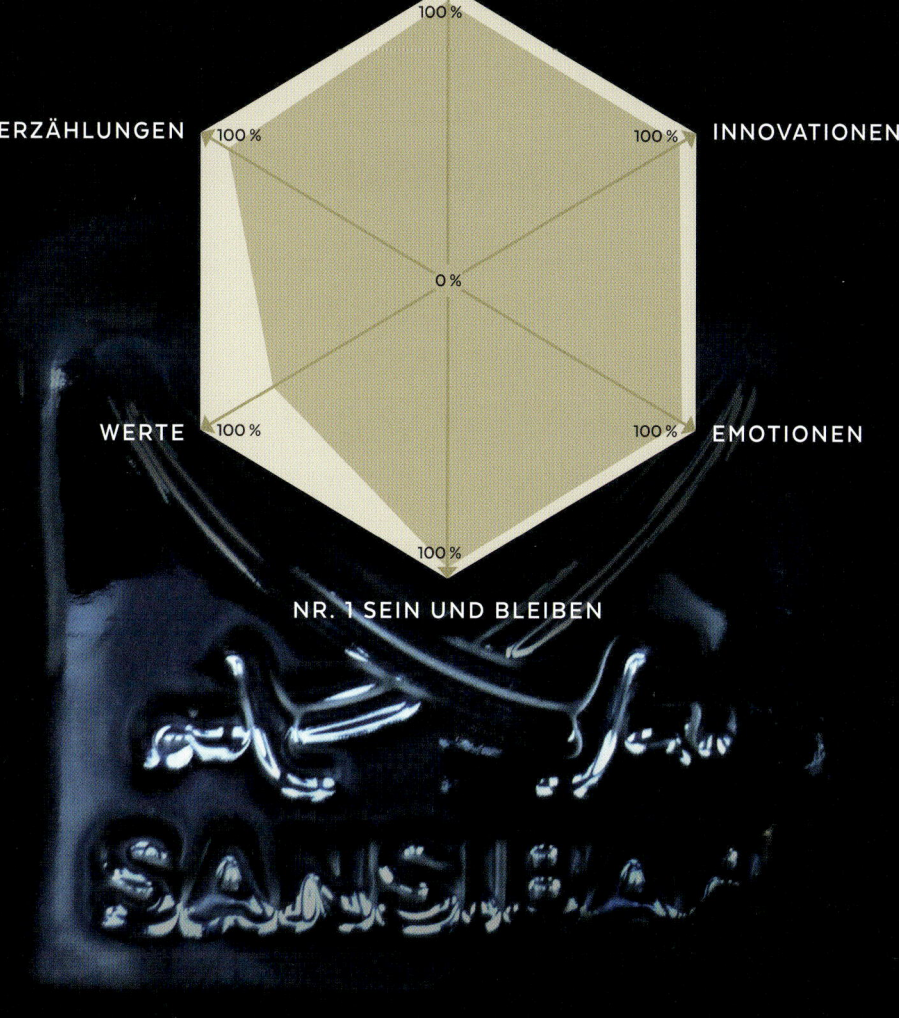

100 %

ERZÄHLUNGEN · 100 %

INNOVATIONEN · 100 %

0 %

WERTE · 100 %

EMOTIONEN · 100 %

100 %

NR. 1 SEIN UND BLEIBEN

Diamond-Diagramm der Sansibar

So wird Ihre Marke langfristig zur Nummer 1!

Wissen Sie, wo Ihre Marke derzeit steht? Wissen Sie, wo Sie Optimierungspotenzial haben, wo Sie noch besser werden können?

Sie werden es jetzt herausfinden. Versuchen Sie sich bitte bewusst zu machen, wo Ihre Marke steht in Bezug auf

---

- Leidenschaft, die für Ihre Marke in Ihrem Unternehmen aufgebracht wird, mit der Ihre Mitarbeiter tagtäglich neu motiviert werden, für Ihre Marke alles zu geben, und die sich auch bei Ihren Kunden widerspiegelt.

- Innovationen, mit denen Sie Ihre Marke immer wieder neu erfinden und sowohl Ihre Mitarbeiter als auch Ihre Kunden faszinieren.

- Erzählungen, die sowohl Ihre Mitarbeiter als auch Ihre Kunden begeistern und die mit voller Begeisterung weitergegeben werden.

- Werte, mit denen Ihre Mitarbeiter und auch Ihre Kunden Ihre Marke verbinden, die auf der gesamten Linie im Unternehmen gelebt werden und Ihren Kunden ein gutes Gefühl geben.

- Emotionen, die Ihre Marke bei Ihren Kunden auslöst.

- Nummer 1 – die Position Ihrer Marke sowohl in den Köpfen Ihrer Mitarbeiter als auch in Bezug auf Ihre Kunden.

Fragen Sie sich bitte, wie es mit den einzelnen Erfolgsfaktoren steht. Wo befindet sich Ihre Marke auf einer Skala von 1 bis 100? Wie viele Prozentpunkte haben Sie bereits von den 100 Prozent erreicht? Die Beantwortung der folgenden Fragen sollte Ihnen leichtfallen, wenn Sie die Aufgaben in den vorangegangenen Kapiteln erarbeitet haben. Auch hier ist es wieder empfehlenswert, die Fragen gemeinsam mit Ihrem Team durchzugehen:

1. Welche Leidenschaft fühlen die Kunden für Ihre Marke? Bitte bewerten Sie, wie viele Prozentpunkte Sie hier von 100 Prozent bereits erreicht haben.

2. Wie fasziniert sind Ihre Kunden von den Innovationen Ihrer Marke? Je höher die Faszination, desto höher der Prozentwert, den Sie sich geben können.

3. Nehmen Ihre Kunden die Geschichte hinter Ihrer Marke wahr? Wenn ja, sind Ihre Kunden von der Geschichte auch begeistert? Bitte geben Sie auch hier Ihre Bewertung in Form von Prozenten an.

4. Werden mit Ihrer Marke die Wertebedürfnisse Ihrer Kunden befriedigt? Ist Ihre Marke konform mit den Wertvorstellungen Ihrer Kunden? Sollte dies im hohen Maße zutreffen, so können Sie sich hier einen entsprechend hohen Wert geben.

5. Wie sehr sind Ihre Kunden emotionalisiert, wenn sie Ihre Marke kaufen, wenn sie sie nutzen? Ordnen Sie Ihren Wert wieder auf einer Skala von 1 bis 100 ein.

6. Ist Ihre Marke die Nummer 1 in den Köpfen der Konsumenten? Ist Ihre Marke objektiv gesehen die Nummer 1 im relevanten Wettbewerbsumfeld? Gegebenenfalls gibt es hier auch offizielle Rankings, die Sie als Grundlage zur Bewertung hinzuziehen können. Sind Sie die Nummer 1? Herzlichen Glückwunsch, dann erhalten Sie 100 Prozentpunkte.

Wie Sie Ihr Ergebnis visualisieren können, haben Sie bereits am vorangegangenen Beispiel der Sansibar erfahren. Auch dieses Diagramm steht Ihnen und Ihrem Team unter www.drdanne.de zum Download zur Verfügung.

Wenn Ihnen das Diagramm vorliegt, tragen Sie die Prozentpunkte für die einzelnen Faktoren mit einem Bleistift ein und verbinden Sie die einzelnen Punkte. Es entsteht eine Fläche, die Sie mit Ihrem Bleistift schraffieren können. Je größer die Fläche, je größer der Diamant innerhalb des Diagramms ist, desto mehr wird Ihre Marke von Ihren Kunden geliebt. Je kleiner sie ist, umso größer ist das Optimierungspotenzial, das Sie noch auf dem Weg dorthin haben. An den Ausprägungen der einzelnen Faktoren können Sie sehen, wo der Optimierungsbedarf am größten ist.

Wollen Sie auf Ursachenforschung gehen, warum Ihr Diamant möglicherweise nicht so groß ausfällt, wie Sie sich wünschen oder wie Sie vielleicht erwartet hätten, so kann Ihnen die folgende Aufgabe entsprechende Ansatzpunkte liefern. Jetzt geht es insbesondere um die interne Sicht in Ihrem Unternehmen. Stellen Sie sich hierzu bitte die folgenden Fragen:

1. Wie wird die Leidenschaft für die Marke von den Mitarbeitern gelebt? Bitte bewerten Sie diese auf einer Skala von 1 bis 100.

2. Wie innovativ ist Ihre Marke aus Ihrer Sicht? Ist sie sehr innovativ, wird der Prozentsatz bei diesem Faktor eher höher ausfallen, bei einem geringen Innovationsgrad entsprechend niedriger.

3. Hat Ihre Marke eine begeisternde Geschichte? Wenn nein, werden Sie bei diesem Faktor wohl eher einen geringen Prozentsatz erreichen. Wenn ja, dann liegt er auf jeden Fall höher.

4. Gibt es hohe Überschneidungen zwischen den Unternehmens- und den Markenwerten? Werden die Markenwerte von den Mitarbeitern gelebt? Je konsistenter die Werte in Ihrem Unternehmen sind und je mehr sie gelebt werden, desto höher wird hier der Prozentwert ausfallen.

5. Schaffen Sie es, die Emotionen, die Ihre Marke auslösen soll, durch entsprechende Maßnahmen zu verstärken? Wenn es hier noch großes Potenzial geben sollte, dann wird der Wert geringer sein.

6. Ist Ihre Marke aus Unternehmenssicht die Nummer 1 im relevanten Wettbewerbsumfeld? Wenn es aus Ihrem Branchenwissen heraus die entsprechende Bestätigung gibt, dann wird der Wert hier höher liegen.

Bitte tragen Sie diese Werte nun mit einem farbigen Stift in Ihr Diamond-Diagramm ein, in das Sie bereits zuvor die Werte in Bezug auf Ihre Kunden eingetragen haben. Beim Eintragen der Prozentwerte werden Ihnen die ersten Ansatzpunkte auffallen, wie Ihre Kunden Ihre Marke mehr lieben könnten. Wenn Sie diese farbigen Punkte ebenfalls verbinden und die entstehende Fläche leicht schraffieren, können Sie dies noch stärker visualisieren.

Nutzen Sie die Optimierungspotenziale und lassen Sie den Diamanten wachsen, damit Ihre Kunden Ihre Marke lieben. Und damit Sie die Grundlage dafür schaffen, dass Ihre Marke eine echte Love Brand wird. Wie Ihnen das gelingt, erfahren Sie im folgenden Kapitel III.

108

III

MIT COMMUNITING UND SSP ZUR LOVE BRAND

In den vorangegangenen Kapiteln haben wir uns damit beschäftigt, wie Kunden Ihre Marke lieben lernen und wie Sie die Voraussetzungen schaffen, Ihre Marke zu einer Love Brand weiterzuentwickeln. Und genau darum geht es jetzt. Seien Sie gespannt, was wir dabei lernen können, wenn wir eine Marke so gesamtheitlich sehen wie einen Menschen, und welche Auswirkungen dies auf das Marketing der Zukunft, das Marketing 4.0, und auf die USP sowie die ESP, die Emotional Selling Proposition, hat. Doch zunächst zu den Grundlagen, die wir bisher gelegt haben und im Sinne einer ganzheitlichen Markenführung betrachten wollen.

Markenliebe

als
Grundlage
für

Love

Brands

Wenn Kunden Marken lieben, heißt das noch lange nicht, dass sie sie auch wirklich als ihre Marke ansehen und sie so zu einer echten Kundenmarke werden lassen. Marken werden oftmals „nur" konsumiert. Bei Love Brands geht es jedoch um viel mehr: Kunden nehmen eine Love Brand förmlich auf. Sie „erleben" die Marke nicht nur, indem sie sie konsumieren, sondern sie leben die Marke. Sie werden Teil der Marke, verinnerlichen sie und identifizieren sich mit ihr. Sie präsentieren die Marke auch gegenüber anderen Menschen und werden so zu Markenbotschaftern. Die Marke steht symbolisch und stellvertretend für bestimmte Werte und sie schafft ein Zugehörigkeitsgefühl zu anderen Menschen, die sich ebenfalls für diese Marke entschieden haben.

Expertengespräch
mit Hadi Teherani[45]

Hadi Teherani, der in Deutschland lebende Architekt iranischer Herkunft, ist einer der populärsten Baumeister von Bürobauten. Nach Mitarbeit in einem renommierten Kölner Büro und Lehrauftrag an der Technischen Hochschule Aachen gründete Teherani 1991 in Hamburg mit Jens Bothe und Kai Richter das Architektenbüro BRT - BOTHE RICHTER TEHERANI sowie die Designfirma Hadi Teherani AG. Heute umfasst die Hadi-Teherani-Gruppe mehrere Gesellschaften mit Ausrichtung auf Architektur, Consulting und Interieur. Bei seinen Gestaltungen von Gewerbebauten spielen die Materialien Glas und Stahl eine zentrale Rolle; sie signalisieren zugleich Leichtigkeit und enorme Stabilität. Dabei kreiert Teherani stets eine elegante Formensprache - sowohl bei Gebäuden als auch im Produktdesign.

Wer ihn kennt, weiß, dass das Designbewusstsein von Hadi Teherani bis ins Detail geht. So sind seine stilvollen Büroräume konsequenterweise mit Produkten im Teherani-Design ausgestattet: Dazu zählen lange Sofas aus elfenbeinfarbenem Leder, Bürostühle und Sessel sowie muskelschonende Akku-Fahrräder. Die Bandbreite des Designers wird hier offensichtlich. Und vor allem auch seine Liebe zu Marken!

Markenliebe kommentiert Hadi Teherani wie folgt:

„Eine Marke kann zu deinem besten Freund werden. Wenn du zum Beispiel ein Apple-Produkt besitzt, bekennst du dich als User zu der Marke, du fühlst dich zu ihr hingezogen. Du willst auf jeden Fall dazugehören! Selbst wenn Samsung ein schöneres Handy auf den Markt bringen sollte: Du trennst dich nicht – die Zugehörigkeit, die du empfindest, ist zu stark.

Begeisterung auf allen Ebenen: Angefangen bei dem sympathischen Logo bis hin zur Bedienung – stringent und überzeugend. Auch das Design, auf das ich natürlich schon stets kritisch schaue: minimal, einfach, auf den Punkt gebracht – kaum zu verbessern. Bei Apple hat das Design zudem eine Funktion: Das Gerät unterstützt dich, es hilft dir weiter. Design ist ein sehr wichtiger Verkaufsfaktor für Marken. Viele Unternehmen sind daran bereits gescheitert. Für mich gilt wie bei Apple: form follows function. Wenn ich zum Beispiel einen Stuhl entwerfe, muss dieser ergonomisch und funktional top sein, aber so müssen es auch die gestalterischen Aspekte – zum Beispiel muss jede Naht perfekt sitzen. Wir machen keine Kompromisse, denn es ist wichtig, dass alles auf den Punkt gebracht ist und am Ende auch ein Mehrwert generiert wird. Erst dann sind wir mit der Lösung zufrieden. Da bin ich einfach Perfektionist. Das bin ich der Marke schuldig und die Marke wiederum ihren Kunden.

Innovationen sind dabei stets besonders wichtig. Eine Marke darf – wie alles im Leben – nicht stehenbleiben. Eine Marke ist wie ein Verein. Du willst, dass deine Marke ganz vorn dabei ist. Wenn eine Marke stehenbleibt, verliert sie das Spiel und steigt aus Sicht der Kunden ab. Das gilt es zu verhindern, denn eine Marke muss – damit sie erfolgreich ist – immer auch der Champion des Kunden sein."

Love Brands stehen noch einmal eine Stufe über dem, was Marken bisher ausgezeichnet hat. Love Brands erreichen im Gegensatz zu anderen Marken ihre Kunden auf einer ganz anderen Ebene. Welche – das werden Sie noch erfahren!

Schmetterlinge im Bauch: verliebt in eine Marke

Denken Sie einmal daran, wie es ist, verliebt zu sein: Herzklopfen, Bauchkribbeln, Kniezittern, das Gefühl der vollkommenen Glückseligkeit. Wer verliebt ist, findet den anderen wunderschön, schenkt ihm zärtliche Blicke, möchte ihn berühren, viel Zeit mit ihm verbringen und sich gerne länger an ihn binden.

Einige Menschen verspüren vergleichbare Gefühle, wenn sie in ihrem geliebten Porsche sitzen oder ihre Patek Philippe am Handgelenk tragen.

Laut der Arte-Dokumentation „Das Coolness-Diktat", die den Kult um die Marke „Apple" untersuchte, hat ein Experte für Neuromarketing sogar herausgefunden, dass ein iPhone im Gehirn seines Besitzers die gleichen Regionen stimulieren kann, die reagieren, wenn sich Menschen verlieben.

Dem Kunden, der in die Marke verliebt ist, fehlt etwas, wenn er ohne sie sein muss.

Selbstverständlich können die Gefühle für einen Menschen nicht auf die gleiche Stufe gestellt werden wie die Gefühle für eine Marke. Die Grundmotive und die daraus entstehenden Emotionen sind anderer Natur. Aber dennoch schenken uns geliebte Marken ein besonderes Gefühl.

So belegt eine Studie von Langner, Schmidt und Fischer eine ähnliche Valenz, also Stärke der Emotionen bei geliebten Marken und geliebten Personen (vgl. Abbildung rechts).[46]

Deshalb sollte eine Marke – genau wie ein Mensch – ganzheitlich betrachtet werden. So bedarf es auch einer ganzheitlichen Markenführung, der wir uns im Folgenden widmen wollen.

GEMOCHTE MARKE

BESTER FREUND

GELIEBTE MARKE

GELIEBTE PERSON

Valenz der Emotionen: Interpersonelle Beziehungen und Markenbezie-
hungen im Vergleich (in Anlehnung an Langner, Schmidt, Fischer 2015)

Ganzheitliche
Markenführung
als Basis des

Erfolgs

So wie die Liebe zu einer Marke ähnlich der Liebe zu Menschen ist, so haben Menschen und Marken auch vieles gemeinsam. Cay von Fournier und ich haben bereits in unserem gemeinsamen Buch „Anders und nicht artig" – sicherlich auch durch unseren medizinischen Hintergrund initiiert – diese Gemeinsamkeiten näher betrachtet. Uns war es dabei wichtig, die gesamtheitliche Betrachtungsweise auch für Marken vorzunehmen. Ganzheitlich bedeutet in Bezug auf einen Menschen, dass die vier Bereiche Körper, Geist, Herz und Seele angesprochen werden. All diese Bereiche gibt es auch bei Marken.[47]

Eine Marke – individuell wie ein Mensch

Der *Körper* wirkt bei Kaufentscheidungen mit. Warum sonst setzen wir uns in ein Auto und fahren es zur Probe? Weil es entscheidend ist, wie sich dieses Auto anfühlt. Wie sitzt man darin? Wie liegen das Lenkrad oder der Schalthebel in der Hand? Wie lässt es sich fahren? Sie sehen: Emotionen haben durchaus eine sehr somatische (körperliche) Dimension. Deshalb legen wir uns auch bei IKEA auf sämtliche Betten und prüfen, welches sich am besten anfühlt. Und warum suchen wir uns dann noch das schönste aus? Weil Design ebenfalls Ausdruck einer körperlichen Dimension ist.

Auch der *Geist,* der analytische und rationale Verstand, der uns Menschen zu unabhängigem Denken befähigt, beeinflusst die Konsumentscheidungen – und sind sie oft auch noch so spontan. Mithilfe des Verstandes wird abgewogen, verglichen und ausgelotet. Außerdem prüfen wir unsere verschiedenen Optionen sowie die Vor- und Nachteile.

Dann ist da noch das *Herz* mit seinen Empfindungen und Emotionen. Dies ist der Anknüpfungspunkt für das emotionale Marketing: Werber und Produktverantwortliche versuchen, sich in die Gefühlswelt der Verbraucher hineinzudenken. Im Marketing geht es meistens um die Aktivierung emotionaler Entscheidungen. Und hier setzen – wie ich im ersten Kapitel dieser Publikation ausführlich beleuchtet habe – die Neuromarketingexperten an.

Ist damit alles getan, wenn man versucht, sowohl den Körper, den Verstand als auch das Herz des Verbrauchers mit der Markenbotschaft zu erreichen? Auf keinen Fall! Was fehlt, ist die *Seele* der Verbraucher, die unbedingt berührt werden muss. Denn in einer Welt mit extremen Unsicherheiten, permanenten Veränderungen, rasanten Entwicklungen in allen Lebensbereichen fühlen sich Kunden zu Unternehmen hingezogen, deren Mission, Vision und Werte ihren ureigenen Bedürfnissen nach sozialer, wirtschaftlicher und ökologischer Gerechtigkeit entsprechen. Sie bevorzugen Marken von Unternehmen, die sie nicht nur funktionell und emotional zufriedenstellen, sondern ihnen auch seelische Erfüllung bieten. Die Seele ist das philosophische und moralische Zentrum – auch des Marketings.

Marken benötigen daher für den langfristigen Erfolg neben dem Leistungsversprechen auch eine eindeutige, gelebte Werthaltung, über die wiederum eine wirkliche Beziehung zu der Marke entsteht. Doch es sind nicht nur die Werte, die die Seele berühren. Es sind darüber hinaus auch die Sinne, die inspirierende Kraft und bei manchen Marken auch die Spiritualität (insbesondere bei allen Produkten und Dienstleistungen, die mit Work-Life-Balance zu tun haben). Könnte es sein, dass genau hier der Unterschied liegt, ob ein Kunde eine Marke „nur" liebt oder sie auch lebt, sich mit ihr identifiziert und sie als Markenbotschafter in die Welt hinausträgt? Die Kunden genau auf dieser übergeordneten Ebene, ja der spirituellen Ebene und der Beziehungsebene zu erreichen, das schafft keine „normale" Marke, das gelingt nur Marken, die für die Kunden auch Sinn stiften. Das gelingt nur Love Brands. Hierzu später mehr.

Legen Sie Ihre Markenführung ganzheitlich an!

Kaufentscheidungen – wie unsere Entscheidungen im Allgemeinen – sind ein ganzheitlicher Prozess: Körper, Geist, Herz und Seele entscheiden mit. Die logische Folge: Auch die Markenführung sollte ganzheitlich angelegt sein, so dass Körper, Geist, Herz und Seele gleichermaßen angesprochen werden. Betonen möchte ich, dass in Abhängigkeit von verschiedenen Rahmenbedingungen immer die eine oder andere Komponente überwiegt und die Kaufentscheidung prägen wird. Wer erinnert sich nicht an den Abschluss einer Versicherung, bei dem sehr rational alle Für und Wider abgewogen wurden? Wer kennt nicht Spontankäufe, bei denen das Herz den Ton angegeben hat?

Interessant ist in diesem Zusammenhang, wie die Weltgesundheitsorganisation (WHO) die Gesundheit des Menschen definiert, nämlich als

„Zustand des völligen körperlichen, geistigen, sozialen und seelischen Wohlbefindens". Was das für die Markenführung heißt? Es impliziert, den Kunden in seiner Ganzheitlichkeit wahrzunehmen und in einer ganzheitlich geprägten Markenführung zu berücksichtigen. Die menschliche Existenz definiert sich schließlich durch die materielle und die immaterielle Welt, also Körper und Seele. In der Medizin fokussiert die Psychologie auf die Seele und die Physiologie auf den Körper. Aus diesen beiden Welten, Seele und Körper, Geist und Materie, Werte und Wert, leiten sich die zwei anderen Lebensbereiche – Geist und Herz – ab.

Unsere geistigen Leistungen haben immer auch eine körperliche Dimension (Logik) sowie eine seelische Dimension (Kreativität). Unsere Emotionen sind geprägt von Lust auf der körperlichen und der selbstlosen Nächstenliebe auf der seelischen Ebene. In seinem Buch „LebensBalance" hat Cay von Fournier diese Zusammenhänge hergeleitet.[48] Die Quintessenz sind die acht Lebensbereiche Familie, Freunde, Fitness, Finanzen, Firma, Fortbildung, Frieden und Freude, die berücksichtigt werden sollten, um eine Ausgeglichen- und Ausgewogenheit im Leben zu erreichen.

Übertragen wir diese Erkenntnisse auf das Marketing, so bedeutet das: Wenn es das Marketing im 21. Jahrhundert versteht, die vier grundlegenden Komponenten eines Menschen – Körper, Geist, Herz und Seele – ganzheitlich einzubeziehen und intelligent zu verbinden, werden sich ganz neue Möglichkeiten eröffnen, besonders erfolgreiche Marken – ja echte Love Brands – zu schaffen!

Eine Marke ist eine unteilbare Einheit, die sich durch Individualität auszeichnet. Individualität (lateinisch: individuus = unteilbar, untrennbar) bedeutet hier, dass die Marke auf die entsprechenden Gegebenheiten und Zielsetzungen des Unternehmens abgestimmt sein muss, dass sie sich von den vielen anderen Marken unterscheidet und dabei vor allem auch auf die Bedürfnisse und Wünsche der Verbraucher eingeht. Eine Marke kann genau wie ein Mensch eine Individualität entwickeln. Und umgekehrt: Manche Menschen sind so markant, dass sie ein eigenes „Markenzeichen" entwickeln.

Entwickeln Sie die Individualität Ihrer Marke!

Bestimmt wird die Individualität einer Marke durch die Funktion der Marke (Geist), ihrer Beschaffenheit (Körper), ihrer Emotionen (Herz) und ihren Werten (Seele) sowie durch das ganzheitliche Zusammenspiel dieser einzelnen Markenelemente (vgl. Abbildung auf der nächsten Seite). Das mi-Modell, stellt eine Erweiterung der gebräuchlichen Modelle im Sinne der Ganzheitlichkeit dar.[49] Die Elemente Körper, Geist, Seele und Herz finden sich in diesem Modell mit ihren Ausprägungen Materie, Funktion, Werte und Emotion wieder. In der Kombination dieser Ausprägungen entsteht die *Individualität einer Marke:*

- Die *Markenidee* ist das dynamische Element einer Marke, das sich kontinuierlich verändert. Wandel, Veränderung und Innovation sind feste Bestandteile der Markenwelt.

- Die *Markenidentität* beschreibt das „Sein" einer Marke, so wie sie rational und materiell wahrgenommen werden kann. Die Marke sollte im Markt eine einzigartige Sonderstellung besitzen und den rationalen Bedürfnissen und Wünschen der Kunden entsprechen. Am Ende bestimmt sie die Positionierung der Marke in den Köpfen der Kunden.

- Die *Markenideologie* gibt die Weltsicht einer Marke wieder. Bestimmte Werte und Normen, die im Zusammenhang mit der Marke für wünschenswert gehalten werden, bilden das geistige Gebäude, in dem sich die Marke bewegt. Die Markenideologie zielt auf den Geist und die Seele des Kunden. Sie ist die DNS einer Marke, die ihre wahre Integrität wiedergibt. Sie stellt den Beweis dar, dass eine Marke hält, was sie verspricht.

- Das *Markenimage* ist der „Schein" einer Marke. Wenn das „Sein" der Marke, also die Markenidentität, und der „Schein" der Marke, also das Markenimage, übereinstimmend wahrgenommen werden, wirkt die Marke besonders authentisch. Das Markenimage sollte – über die Funktionalität und die Merkmale eines Produkts oder einer Dienstleistung hinaus – Kunden emotional ansprechen.

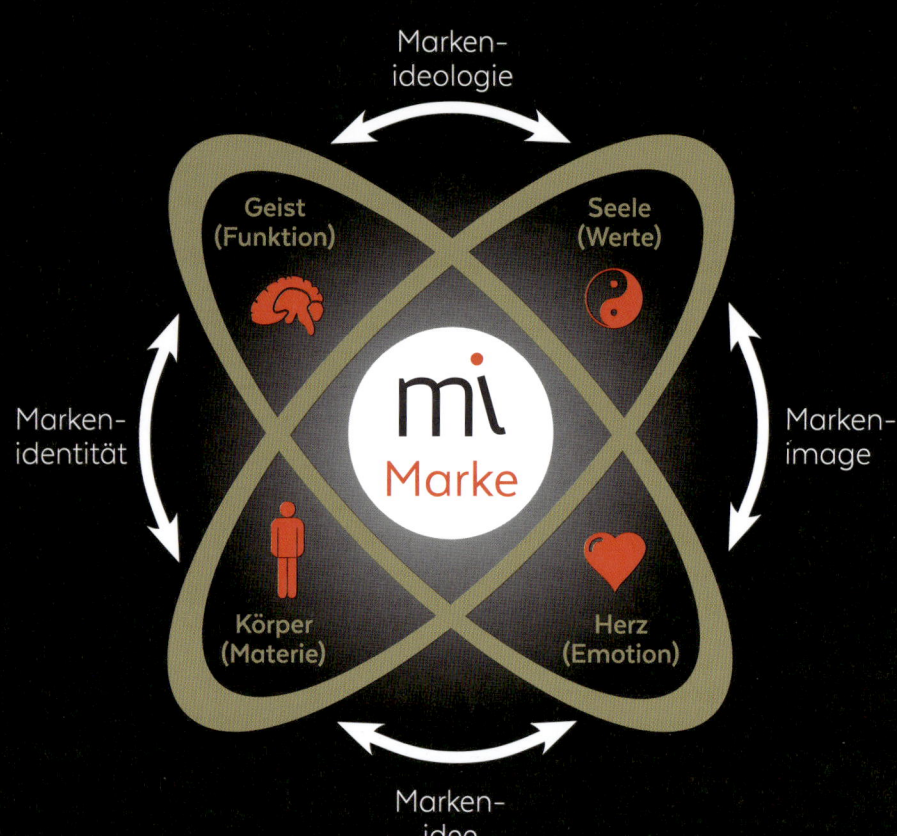

Das mi-Modell der „Marken-Individualität"
(Quelle: von Fournier/Danne 2014, S. 98)

Das Besondere an diesem Modell der Marken-Individualität ist, dass es ein ganzheitliches, dynamisches und mehrdimensionales System darstellt, das die körperliche, emotionale, geistige und seelische Dimension mit einbezieht. Schauen wir uns in den folgenden Abschnitten die einzelnen Markenelemente genauer an.

Der Richtungsgeber: die Markenidee

Damit prägnante innere Markenbilder geschaffen werden können, muss die Markenführung aus einem Guss, das Gesamtbild der Marke also stimmig und konsistent sein. Entscheidend ist, dass sich die verschiedenen Elemente der Markenidee in den Köpfen der unterschiedlichen Zielgruppen zu einem logischen Gesamtbild zusammenfügen lassen. Widersprüchliche Signale sind kontraproduktiv, sie würden die Marke bloß schwächen. Ein konsistentes und stimmiges Gesamtbild lässt sich allerdings nur auf- und ausbauen, wenn es eine Markenidee gibt. Markenideen entstehen manchmal aus dem Widerspruch zwischen materieller und emotionaler Seite einer Marke, wobei – und das ist die Herausforderung – beide Pole nicht beständig sind. Die Marke ändert sich permanent, die damit verbundenen Emotionen ebenfalls, und das ist auch gut so: Ohne Innovation, ohne eine lebendige Verbindung zwischen Tradition und Zukunft, verliert ein Produkt an Attraktivität. Es veraltet, wird vergessen und im Kopf der Kunden ausgelistet.

Decken Sie die Einzigartigkeit Ihrer Marke auf und entwickeln Sie diese aktiv, systematisch und langfristig.

Nehmen Sie Vorwerk, eine Marke, die gerade in jüngster Zeit für neuen Schwung in der Branche sorgt. Mit modernisierten Produkten, einem stimmigen Erscheinungsbild und als Multi-Channel-Anbieter erreicht das traditionsreiche Unternehmen nicht nur die alten Kunden, sondern gewinnt vor allem auch neue dazu. Lange Zeit wurden mit der Marke Vorwerk ausschließlich Staubsauger assoziiert, die es heute auch noch gibt – selbstverständlich mit den entsprechenden Innovationen. So ergänzt beispielsweise ein Roboter die Vorwerk-Produktpalette um eine neue automatische Haushaltshilfe, die selbstständig saugt.

Auch im Geschäftsbereich „Dekoratives" der Vorwerk-Teppichwerke, der übrigens die historische Wurzel von Vorwerk aus dem Jahre 1883 darstellt, bietet das Unternehmen immer wieder innovative Bodenbeläge. Die Küchenmaschine Thermomix vervollständigt das Portfolio. Der Thermomix hat in den letzten Jahren in den Haushalten fast aller meiner Freundinnen Einzug gehalten, die damit nicht nur „clever kochen", sondern auch „einfach genießen" können. Der Umsatz verdoppelte sich beim Thermomix mit 420 Millionen Euro von 2009 bis heute nahezu. „Superiority" heißt das Erfolgsmotto von Vorwerk in Bezug auf Technologie (solide Produkte mit hoher Qualität), Design (Produkte sollen Präzision ausstrahlen und als Vorwerk-Produkte erkennbar sein) und Verhalten (die Produkte sollen in der Anwendung intuitiv und nutzerfreundlich sein). Für den „sauber gemachten" Relaunch der letzten Jahre erhielt die mittlerweile global aktive Unternehmensgruppe mit Sitz in Wuppertal den Marken-Award 2015. Dieses Beispiel zeigt: *Die Markenidee stellt die Richtgröße dar, nach der die Entwicklung von Image und Identität geführt wird.*

Eine Frage des Charakters: die Markenidentität

Die Markenidentität ist das Markenelement, das beschreibt, wie der Kunde die Marke wahrnimmt. Man könnte auch sagen: wie die Marke beim Kunden positioniert ist. Im mi-Modell ist sie im Spannungsfeld zwischen Geist (Funktion) und Körper (Materie) platziert. Der Grund: Die Identität von Marken hat sehr viel mit ihrem äußeren Erscheinungsbild (Körper) zu tun und mit dem, wofür sie stehen: im Automobilbereich beispielsweise für Sicherheit, Technik, Fahrvergnügen – was in erster

Linie unseren Verstand anspricht. Doch für die Identität der Marke spielt nicht nur die körperliche Dimension eine Rolle, sondern auch die funktionale Dimension.

Die Identität einer Marke ist immer das Ergebnis einer Kombination mehrerer Merkmale und Eigenschaften, die miteinander harmonieren müssen und stets ein und dasselbe darstellen. So wie die Identität eines Menschen über viele Jahre reift,[50] so entwickelt sich eine klare Markenidentität über einen längeren Zeitraum.

Sozialwissenschaftler und Psychologen haben sechs Komponenten bestimmt, mit der sich die *Identität einer Marke* beschreiben lässt:[51]

- *Markenherkunft:* Diese zeigt, woher die Marke kommt, und stellt die Basis der Markenidentität dar.

- *(Kern-)Kompetenz der Marke:* Die Markenkompetenz basiert auf den Ressourcen und organisationalen Fähigkeiten eines Unternehmens. Sie führt zum spezifischen Wettbewerbsvorteil und sichert ihn ab.

- *Art der Markenleistung:* Die Markenleistung bestimmt den funktionalen Nutzen einer Marke. Wie ist diese für den Nachfrager nutzbar?

- *Markenvision und Markenwerte:* Die Markenvision leitet die Gestaltung der Identität. Die Markenwerte geben wieder, woran das Unternehmen bzw. dessen Mitarbeiter glauben.

- *Markenpersönlichkeit:* Die Markenpersönlichkeit prägt den Kommunikationsstil der Marke.

Welcher Stellenwert diesen verschiedenen identitätsstiftenden Komponenten jeweils zukommt, ist stark von den Rahmenbedingungen[52] sowie der jeweiligen Produktkategorie abhängig. So beschäftigen Sie sich wahrscheinlich mehr mit der Identität Ihrer Jeans als mit der Identität Ihres Duschvorlegers.

Schaffen Sie eine starke Markenidentität, mit der Sie die Identität Ihrer Kunden stärken!

Interessant ist, dass die Stärke der persönlichen Identität des jeweiligen Kunden darüber entscheidet, welche grundsätzliche Bedeutung die Markenidentität für sein Verhalten hat. Wer eine tendenziell schwache Ich-Identität hat, wird sich bevorzugt in der Identität einer Marke wiederfinden und sich mit dieser identifizieren als jemand mit einer starken Ich-Identität.[53] Das ist auch der Grund dafür, warum zum Beispiel Jugendliche (mit einer noch nicht so stark ausgereiften Identität) so unglaublich viel Wert auf „Markenkleidung" legen. Oder warum Menschen, die sich gerade selbstständig machen, sehr viel Zeit und Geld in neue Laptops, Kommunikationsgeräte oder Autos investieren. Es geht eben nicht nur um einen mobilen Rechner, ein Telefon und ein Fortbewegungsmittel mit vier Rädern, sondern die gesamte Identität steht auf dem Spiel. In den Marken soll sich der kommende Erfolg bereits heute spiegeln. Und wieder einmal wird deutlich: Marketing und Magie liegen gar nicht so weit voneinander entfernt.

Was unterscheidet nun Porsche von Seat, Warsteiner von Burgkrone oder Telekom von discoTEL? Stark und anziehend ist eine Marke, wenn sie jeder in der relevanten Zielgruppe als „gute Bekannte", ja vielleicht sogar „Freund" bzw. „Freundin" gewonnen hat. Das ist der kleinste gemeinsame Nenner.[54] Bekanntheit – oder hohe Erinnerungswerte bei Kampagnenauswertungen – allein reichen jedoch nicht aus, um auf der Liste der stärksten Marken zu stehen. Zu den Topmarken gehören nur die, die eine dauerhafte Käuferbindung und eine nachhaltige Kundentreue erreicht haben. Im Grunde genommen sind das genau jene Marken, mit denen sich die Käufer identifizieren.

Die Botschaft ist denkbar einfach: Eine starke Marke braucht Käufer und Wiederkäufer, Verehrer und Fans. Erst dann hat sie das Potenzial, eine Love Brand zu werden. Empfehlungen bestimmen direkt oder auch indirekt den Wert der Marke und damit auch den Wert des Unternehmens, der zu einem Großteil vom Markenwert bestimmt wird.[55] Starke Marken sind

Markenidentität

Markenpersönlichkeit

Markenwerte

Markenvision

Art der Markenleistung

(Kern-)Kompetenzen der Marke

Markenherkunft

Die Komponenten der Markenidentität
(in Anlehnung an Burmann/Blinda/Nitschke 2003, S.7)

sehr geprägt von aktiven Referenzen, also Weiterempfehlungen.[56] Kunden, die Verehrer sind, können zu Botschaftern Ihrer Marke werden. Denken Sie an das iPad. Wie viele Kunden, die bis dato kein iPad hatten und sich nicht sonderlich dafür interessierten, wurden wohl gewonnen, indem ein begeisterter Anwender einem seiner Freunde oder Kunden dieses Gerät vorgeführt hat? Aber nicht nur Freunden oder Kunden werden die neuesten Produkte von Apple leidenschaftlich präsentiert, nein auch wildfremden Menschen. Als Apple das iPad-Mini auf dem Markt brachte, saß ich in einem Flieger nach Zürich. Ein Flugpassagier hatte dieses neue kleine Gerät und Sie glauben gar nicht, was man auf einem solch kurzen Flug darüber erfährt – ob man will oder nicht.

Inszenieren Sie klare Markenidentitäten, damit die Marke in den Köpfen Ihrer Kunden nachhaltig verankert bleibt.

Dank der fortschreitenden technischen Entwicklung haben Unternehmen immer mehr Möglichkeiten, ihre Marken in Szene zu setzen, zu emotionalisieren und somit Kaufentscheidungen zu beeinflussen. So werden in der Online-Welt Marken auf unterschiedlichste Weise erlebbar gemacht und durch multimediale Marketing-Kampagnen, Landing Pages oder interaktive Specials positiv aufgeladen. Überall im Internet kann Werbung platziert werden, kaum eine Seite öffnet sich, ohne dass noch schnell ein Werbefilm anläuft. Diesen Markeninszenierungen kann sich ein Kunde fast nicht mehr entziehen. Deshalb ist es umso wichtiger, dass Sie mit klaren Markenidentitäten einen bleibenden Eindruck im Kopf der Kunden hinterlassen.

Klare Werte, klare Vision: die Markenideologie

Kommen wir zur Markenideologie. Darunter wird die Weltanschauung verstanden, die eine Marke verkörpert. Machen Sie mal einen Test und überlegen Sie, welche Werte bestimmte Marken repräsentieren und als wünschenswert darstellen. Denken Sie zum Beispiel an NIVEA. Seit Generationen steht die Marke für Familie, Ehrlichkeit, Zuverlässigkeit, Qualität und vor allem auch Vertrauen. Die Marke aus dem Hause Beiersdorf schafft es, in den relevanten Rankings immer wieder auf Platz 1 zu landen. So auch 2015 bei der deutschlandweiten Studie „Deutschlands vertrauenswürdigste Marken" und der Studie „Trusted Brands 2015", die sieben europäische Länder mit einbezieht.[57]

Sie fragen sich, wozu man eine solch klar ausgeprägte Markenideologie braucht und welche Vorteile sie bringt? Weil die Marke dadurch – jenseits von funktionalem Nutzen (in unserem Modell: Geist/Funktion) – einen seelischen Mehrwert (im Modell: Seele/Werte) erhält.

Die Marke wird zu einer Art Zeichensymbolik, zu einer Sprache, die vom potenziellen Kunden verstanden wird. Und gerade das ist für viele Kunden anziehend. Denn in einer von vielen Unsicherheiten geprägten Welt suchen Kunden nach Angeboten von Unternehmen, deren Mission, Vision und Werte ihren Bedürfnissen nach sozialer, wirtschaftlicher und ökologischer Gerechtigkeit entsprechen. Gerade auch vor diesem Hintergrund hat das Thema Nachhaltigkeit in den letzten Jahren so enorm an Relevanz gewonnen (vgl. Kapitel „Bewusstsein, das Werte schafft").

Berücksichtigen Sie die Bedürfnisse der Kunden nach sozialer, wirtschaftlicher und ökologischer Gerechtigkeit!

Themen wie Nachhaltigkeit, Ehrlichkeit und wirklicher Nutzen zählen zu den wichtigen Bausteinen der Markenideologie. Gerade auf diese Themen werde ich im weiteren Verlauf noch näher eingehen. Doch zunächst einmal zu dem, was der Kunde von einer Marke wahrnimmt, dem Markenimage.

Was der Kunde wahrnimmt: das Markenimage

Das Markenimage ist – einfach gesprochen – der „Schein" einer Marke. Es ist das Resultat der individuellen, subjektiven Wahrnehmung und Decodierung aller Signale, die von der Marke ausgesendet und von der relevanten Zielgruppe empfangen werden. Dabei geht es vor allem um die subjektive Wahrnehmung dahingehend, in welchem Maß die Marke in der Lage ist, die Bedürfnisse des Einzelnen zu befriedigen.[58]

Wie die Gestaltung der zuvor beschriebenen Markenidentität und das bei der relevanten Zielgruppe angestrebte Markenimage zueinander in Beziehung stehen, verdeutlicht die Abbildung auf der rechten Seite.

Die Gestaltung der Markenpersönlichkeit, der Markenwerte und der Markenvision bestimmen in erster Linie, wie der symbolische Nutzen der Marke wahrgenommen wird (das heißt zum Beispiel: „Mit einer superschönen Kleidung fühle ich mich selbstbewusster", oder um im Wording des Neuromarketing zu sprechen, „dominanter" – vgl. Kapitel „Die Macht des Unbewussten"). Der funktionale Nutzen („Meine supertolle Kleidung ist auch qualitativ sehr hochwertig") wird hingegen über die Art der Markenleistungen determiniert.

Das Zusammenspiel dieser vier Identitätskomponenten mit den (Kern-) Kompetenzen und der Herkunft einer Marke bestimmt die Authentizität der verfolgten Markenpositionierung (was wiederum heißt: „Wenn meine superschöne Kleidung nur so wirkt, als würde sie auch qualitativ gut sein, faktisch sich aber die Nähte auflösen, dann fühle ich mich nicht selbstbewusster" – die Rechnung geht sozusagen nicht auf).[59]

Interne Zielgruppe
Markenidentität

Externe Zielgruppe
Markenimage

Markenpersönlichkeit	
Markenwerte	**Symbolischer Nutzen der Marke**
Markenvision	
Art der Markenleistung	**Funktionaler Nutzen der Marke**
(Kern-)Kompetenzen der Marke	**Markenmerkmale** (Marken-, Käufer-, Verwendereigenschaften)
Markenherkunft	
	Markenbekanntheit

Der Zusammenhang zwischen der Identität und dem Image einer Marke
(in Anlehnung an Burmann/Blinda/Nitschke 2003, S. 25)

Damit sich bei den relevanten Zielgruppen überhaupt ein Markenimage bilden und im Kopf der Kunden eine Vorstellung entstehen kann, muss die Marke einen hohen Bekanntheitsgrad haben. Kurz: Nur was bekannt ist, bleibt im Kopf.

Schaffen Sie einen hohen Bekanntheitsgrad für Ihre Marke, damit diese nachhaltig im Kopf der Kunden verankert bleibt!

Mit dem Bekanntheitsgrad einer Marke beschäftigen sich Trends wie Brain-Branding oder das Neuromarketing (vgl. Kapitel „Die Macht des Unbewussten"). Sie bringen für die Markenführung außerordentlich wichtige Erkenntnisse. Zumal heute bekannt ist, dass sich kognitive und emotionale Prozesse im Gehirn abspielen.

Denken Sie doch mal an den Eiffelturm. Was taucht da als Erstes vor Ihrem inneren Auge auf? Wohl die charakteristische Form des Bauwerks – und nicht etwa der Gedanke, dass der Eiffelturm zur Weltausstellung 1889 fertiggestellt wurde. Innere Bilder – so wie das vom 324 Meter hohen Eisenfachwerkturm – sind in unserem Gedächtnis gespeichert und spielen eine bedeutende Rolle. Meistens sind sie prägnanter als andere Gedächtnisinhalte wie zum Beispiel technische Daten und Jahreszahlen.

Werner Kroeber-Riel, der als Urheber der Konsumentenforschung gilt, hat nachdrücklich auf die enorme Bedeutung innerer Bilder für den Erfolg einer Marke hingewiesen.[60] Die Imagery-Forschung, ein verhaltenswissenschaftlicher Forschungszweig, beschäftigt sich mit der Entstehung, Verarbeitung und Wirkung von inneren Bildern. Im Brennpunkt steht die Frage: Wie werden durch Bildkommunikation entsprechende innere Bilder bei den Empfängern geschaffen?

Auf einen kurzen Nenner gebracht: Bilder sind wie schnelle Schüsse ins Gehirn, die wesentlich rascher als sprachliche Informationen aufgenommen und verarbeitet werden. Bilder prägen sich besser ein als sprachliche Informationen und werden auch besser erinnert (das sind die

„Bildüberlegenheitswirkungen" im engeren Sinne). Innere Bilder, die im Gedächtnis erzeugt wurden, beeinflussen das Verhalten besonders stark. Gerade vor dem Hintergrund zunehmender Informationsüberflutung und Marktsättigung sind professionell gestaltete und eingesetzte Bilder wahre Wunderwaffen der Beeinflussung.[61]

Schaffen Sie ein Bild in den Köpfen der Kunden, das die gewünschten Assoziationen auslöst.

Apple hat das beispielsweise mit seiner Apfelsilhouette „mit Biss" geschafft. Wenn das Apple-Logo erscheint, spiegelt sich im Kopf des Kunden direkt die Apple-Welt wider, die mit Innovation, Emotion und vor allem auch einzigartigem Design verbunden wird. Zur ironischen Konnotation (natürlicher Apfel und künstlicher Computer) bietet das Design des „Apple" ein subtiles Wortspiel: „Beißen" heißt im Englischen „to bite", was wiederum klingt wie „Byte".

Auch E-Plus hat es mit seinem die Menschen verbindenden Pluszeichen, Red Bull mit seinem kraftvollen roten Bullen, Timberland mit seinem Baum oder die Deutsche Lufthansa mit ihrem aufsteigenden Kranich geschafft, sich in den Köpfen der Kunden zu verankern und dort direkte Assoziationen auszulösen. Dabei zeigt sich: Je näher der Markenname an das Markenbild angelehnt ist (oder auch umgekehrt), umso einfacher prägt sich dieses in den Köpfen der Kunden ein. Ziel ist es, die gewünschten „inneren Bilder" zu finden und zu fokussieren.

Marketing

4.0 Die Zeit ist reif für Communiting

Vor dem Hintergrund der vorangegangenen Ausführungen wird deutlich, dass das klassische Marketing an seine Grenzen stößt. Das Marketing hat im Vergleich zu früher neue Aufgaben zu erfüllen. Damit Sie diese neuen Aufgaben besser nachvollziehen können, nehme ich Sie mit auf einen kurzen Ausflug in die Geschichte des Marketing und möchte Ihnen dabei den Weg zum Marketing 4.0 aufzeigen.

Der Weg zum Marketing 4.0

In den 1950er-Jahren, also in der Zeit, als Neil Borden den Begriff des „Marketing-Mix" prägte, stand der Produktionssektor im Zentrum der US-Wirtschaft.[62] Aus diesem Grund stand das Produktmanagement im Fokus aller Marketingkonzepte. Es machte sich zur zentralen Aufgabe, Nachfrage für Produkte zu generieren. In diesem Zusammenhang ist hier auch vom *Marketing 1.0* die Rede.

In den 1960er-Jahren formulierte Jerome McCarthy mit seinen vier Ps die Aufgaben des Marketing im Rahmen des Produktmanagements:

- *ein Produkt entwickeln,*
- *seinen Preis bestimmen,*
- *es promoten und*
- *für die richtige Platzierung (Distribution) sorgen.*[63]

In Zeiten wirtschaftlichen Aufschwungs musste das Marketing darüber hinaus nicht viel mehr leisten.

Doch Mitte der 1960er-Jahre stagnierten zunehmend die gesättigten Märkte. Gleichzeitig änderte sich die Haltung der Kunden. Themen wie Umweltverträglichkeit und Sparsamkeit rückten aufgrund der Energiekrise in den Mittelpunkt. Vor diesem Hintergrund versuchten die Unternehmen die Nachfrage mit einem drastischen Perspektivenwechsel anzukurbeln: Nicht mehr die Produkte standen von nun an im Mittelpunkt der Marketingaktivitäten, sondern die Kunden (= *Marketing 2.0*). Zum bisher bekannten Produktmanagement kam die Disziplin des Kundenmanagements hinzu. Außerdem wurden Strategien wie Segmentierung, Targeting und Positionierung (STP) entwickelt. Was war die Folge? In dem Maße, in dem sich das Marketing auf den Kunden statt auf das Produkt konzentrierte, entwickelte sich auch seine Ausrichtung, und zwar von einer taktischen hin zu einer strategischen.

Die Internetrevolution Anfang der 1990er-Jahre stellte für das Marketing dann einen Wendepunkt dar. Der Computer hielt Einzug in die Haushalte, das Internet schuf Transparenz, ermöglichte zwischenmenschliche Interaktionen und vernetzte die Menschen. Wie reagierten die Marketingfachleute? Sie witterten ihre Chance und entdeckten hinter Produkten und Kunden ein mächtiges Bindeglied: die menschlichen Emotionen.[64]

Das neue Millennium brach an und brachte Krisen und Krieg, Instabilität und Unsicherheit. Der Anschlag vom 11. September 2001 und die Finanzkrise zählen zu den dunklen Kapiteln des ersten Jahrzehnts des neuen Jahrtausends. Interessant ist in diesem Zusammenhang ein Forschungsbericht von McKinsey & Company, der für die Zeit nach der Finanzkrise 2007 bis 2009 zehn Trends im Unternehmenssektor aufführt. Ein maßgeblicher Trend: Die Unternehmen haben das Vertrauen der Kunden verspielt.[65] Zum gleichen Ergebnis kommt der Chicago Booth/Kellogg School Financial Trust Index.[66]

Ja, wem vertrauen Kunden heute denn überhaupt noch? Klare Antwort: sich selbst. Das heißt: sich gegenseitig. Oder, komplizierter: Vertrauen besteht heute eher in horizontalen als in vertikalen Beziehungen. Verbraucher glauben sich untereinander mehr als den Unternehmen. Die Verlagerung des Verbrauchervertrauens von Unternehmen auf andere Kunden zeigt sich im Boom der sozialen Medien wie Facebook, Twitter und Blogs. Den Empfehlungen, Bewertungen und Kritiken anderer Verbraucher wird Glauben geschenkt. Diese bestimmen im hohen Maße die Kaufentscheidungen vieler Verbraucher. Für Marketingprofessoren wie Philip Kotler, Kellogg School of Management der Northwestern University in Chicago, und meinen Doktorvater Heribert Meffert, Westfälische Wilhelms-Universität Münster, – Begründer des ersten Lehrstuhls für Marketing in Deutschland und zu Recht als Marketingpapst betitelt – wurde genau damit eine neue Dimension des Marketing erreicht, das *Marketing 3.0.*[67]

Auf die Werbung von Unternehmen dagegen verlassen sich immer weniger Verbraucher, so das Ergebnis des Nielsen Global Survey.[68] Vielmehr ist es die Mund-zu-Mund-Propaganda, die für Kunden zunehmend eine glaubwürdige und verlässliche Form der Werbung darstellt. Etwa 90 Prozent der befragten Konsumenten schenken den Empfehlungen von Bekannten Glauben. 70 Prozent halten die von Kunden in das Internet gestellten Meinungen für zuverlässig. Die Forschungsergebnisse von Trendstream/Lightsspeed Research zeigen sogar, dass Verbraucher Fremden in ihren sozialen Netzwerken mehr vertrauen als Experten.[69]

Eine Marke, die unter Kunden weiterempfohlen wird, hat schon viel erreicht. Doch hat sie die Seele der Menschen in der Regel noch nicht berührt. Die Zeit ist daher reif für die nächste Stufe, das *Marketing 4.0*. Dieses verfolgt vor allem das Ziel, den Kunden eine Heimat in einer (Werte-)Gemeinschaft von Gleichgesinnten zu geben, ihm einen Sinn zu vermitteln und sie zu Markenbotschaftern zu machen.

Bitte verstehen Sie mich richtig: Das Marketing 4.0 wird nicht das Marketing 1.0 bis 3.0 ablösen. Vielmehr geht es um eine sinnvolle Ergänzung, um die zusätzliche Betrachtung einer neuen Dimension. Es geht darum, auf etwas zu achten, worauf bisher zu wenig geachtet wurde. Die viel beschworene Revolution ist bei genauerem Hinsehen stets eine Weiterentwicklung des Bestehenden gewesen. Wenn ich hier das Marketing 4.0 einführe[70], so möchte ich zur Verdeutlichung der Unterschiede zum Marketing 1.0 bis 3.0 ein besonderes Augenmerk auf die Themen Motiv, Kunden, Angebot und Marketingkonzept richten sowie auf die Marketingausrichtung (vgl. Abbildung rechts).

War im Marketing 1.0 der Verkauf des Produkts das Motiv, im Marketing 2.0 die Vermittlung des Nutzens und im Marketing 3.0 die Vermittlung von Werten, so steht heute im Marketing 4.0 die Bildung von Wertegemeinschaften im Vordergrund. Diese Wertegemeinschaften sollen ihren Mitgliedern eine Heimat geben mit allem, was dazu gehört: Sicherheit, Anerkennung, Status und auch Sinn.

Wurden die Kunden bisher Verbraucher oder Interessenten genannt, so sind es heute Mitglieder einer Marke. Mitglieder treten einer Marke nicht nur bei, sondern sie identifizieren sich mit ihr, sie leben die Marke aktiv. Sie

	Marketing 1.0	**Marketing 2.0**	**Marketing 3.0**	**Marketing 4.0**
MOTIV	Produkte verkaufen	Kunden einen Nutzen vermitteln	Werte vermitteln	Wertegemeinschaft bilden
KUNDEN	Verbraucher	Nutzer einer Marke	Von Interessenten zu Verehrern und Fans einer Marke	Mitglieder einer Marke
ANGEBOT	Definiert sich über Produktnutzen	Definiert sich über Kundennutzen	Definiert sich über Sympathie, gelebte Werte	Definiert sich über den Sinn
MARKETING-KONZEPT	Push-Strategie → USP, Produkt	Push-Strategie → USP, Produkt	Pull-Strategie → Begeisterung	Balance der Kräfte (Yin/Yang) → Gleichgewicht (Harmonie)
MARKETING-AUSRICHTUNG	Fokus auf Produkt (= Körper) → Produktmarketing	Fokus auf Kunden (= Geist) → Kundenmarketing	Fokus auf Emotionen (= Herz) → Neuromarketing	Fokus auf Sinn (= Seele) → „Psychomarketing"

tragen die Marke als Botschafter weiter und geben ihrer Marke, ihrer Love Brand, damit auch wieder etwas zurück.

Während sich das Angebot bisher über den Produkt- und Kundennutzen sowie über Sympathie und gelebte Werte definierte, so sollte sich das Angebot im Marketing 4.0 über den Sinn definieren. Vermittelt das Angebot dem Kunden einen Sinn? Wird dem Kunden Sinn gestiftet? Immer mehr Menschen sind auf der Suche nach Sinn (vgl. Kapitel „Bewusstsein, das Werte schafft"), so dass es für den Erfolg eines Unternehmens immer wichtiger wird, dieses Streben nach Sinn entsprechend zu berücksichtigen.

Im Marketing 1.0 und 2.0 stand die Kommunikation des Produkt- und/ oder Kundennutzens im Vordergrund. Produkte und Dienstleistungen wurden mit einer Push-Strategie förmlich in den Markt gedrückt. Charakteristisch für das Marketing 3.0 war die Pull-Strategie. Es galt, Begeisterung zu wecken und eine Sogwirkung aufzubauen. Im Marketing 4.0 geht es nun um die Balance der Kräfte: Push und Pull, Geben und Nehmen halten sich die Waage.

Berücksichtigt man die zuvor aufgezeigten Ausführungen, so wird sehr schnell deutlich, dass die klassische USP nicht mehr ausreicht, um Marken langfristig erfolgreich am Markt zu positionieren. Auch die ESP, die Emotional Selling Proposition, die in den letzten Jahren in das Marketing Einzug hielt und sich rein auf die emotionale Ansprache des Kunden bezieht, wird nicht genügen.

Die Entwicklungen verlangen nach einer anderen, einer neuen Selling Proposition, die sowohl über die USP als auch die ESP hinausgeht. Eine Selling Proposition, die die Menschen auf eine Art und Weise erreicht, die rational und auch emotional nicht mehr begründet ist. Eine Selling Proposition, die die Menschen auf einer neuen Ebene, einer spirituellen Ebene erreicht und sie auf eine ganz besondere Art und Weise vereint. Welcher Begriff könnte dafür treffender sein als Social Selling Proposition (SSP)?

Der Social Selling Proposition (SSP) gehört die Zukunft

Um sehr klar die drei genannten Selling Propositions voneinander abzugrenzen, möchte ich Sie auf einen kleinen Exkurs mitnehmen.

Die *Unique Selling Proposition* (= einzigartiger Verkaufsvorteil, Alleinstellungsmerkmal) bezeichnet den vom Kunden wahrgenommenen Wettbewerbsvorteil.[71] Im Vordergrund steht hier die Frage: Was ist bei dem Produkt des Anbieters A besser als bei dem Produkt des Anbieters B? Der Nutzen, den ein Produkt bietet, führt zu einer Kaufentscheidung, die hauptsächlich auf rationaler Ebene getroffen wird. Die USP bezieht sich auf die Identität einer Marke, auf das „Sein" einer Marke, so wie sie rational und materiell wahrgenommen wird (vgl. Kapitel „Eine Frage des Charakters – die Markenidentität").

Die USP wurde bereits 1940 von Rosser Reeves in die Marketingtheorie und -praxis als einzigartiges Verkaufsversprechen im Rahmen der Werbung für ein Produkt oder eine Dienstleistung eingeführt. Generelle Eigenschaften von Wettbewerbsvorteilen kommen zustande, wenn sie sich auf Leistungsmerkmale eines Anbieters beziehen.[72] Diese müssen bedeutsam und wahrnehmbar für den Nachfrager sowie dauerhaft und effizient gegenüber der Konkurrenz verteidigbar sein.[73] Bei der Positionierung über die USP, die auf einem unverwechselbaren Nutzenangebot basiert,[74] wird ausschließlich der wichtigste Nutzen einer Marke in den Vordergrund gestellt.[75]

Wie bereits dargestellt, zeigt die moderne Hirnforschung jedoch, dass Kaufentscheidungen nicht nur auf rationaler, sondern auch auf emotionaler Ebene getroffen werden (vgl. Kapitel „Die Macht des Unbewussten"). Deshalb misst sie der *Emotional Selling Proposition* (= emotionaler Verkaufsvorteil) eine besondere Bedeutung zu. Hier geht es primär darum, Produkte oder Dienstleistungen unter emotionalen Aspekten zu vermarkten. Die vorangegangenen Kapitel zeigen aber auch, dass es Entscheidungen für Marken gibt, die weder rational (USP) noch emotional (ESP) erklärt werden können. Während bei der USP die Frage des Kunden „Welchen Nutzen habe ich?" im Vordergrund steht und es bei der ESP darum geht, ein gutes Gefühl und Markensympathie beim Kunden zu erzeugen, geht die *Social Selling Proposition,* die SSP, weit darüber hinaus! Bei der SSP geht es darum, soziale Bindungen und Zugehörigkeit zu der Marke und zu den Menschen zu schaffen, die dieser Marke ebenfalls verbunden sind. Der Kunde soll eine Heimat finden. Eine Heimat, die ihm über Beziehungen sowohl Sicherheit und Geborgenheit gibt, als auch Sinn stiftet. Der Kunde wird auf einer ganz anderen Ebene, einer spirituellen Ebene und auch auf einer sozialen, einer Bindungsebene erreicht.

Da eine Marke symbolisch und stellvertretend für bestimmte Wertvorstellungen steht, fühlt sich der Kunde zu dieser Wertegemeinschaft hingezogen, er wird Teil dieser Gemeinschaft, er wird Teil der Community dieser Marke. Er ist mit seiner Marke so stark verbunden, dass er sich für seine Marke engagiert und ihr auch gern wieder etwas „zurückgibt". In diesem Sinne wird er zum Markenbotschafter und die Marke zur Love Brand.

Marken mit einer SSP werden vom Kunden nicht nur genutzt und erlebt, er lebt sie vor allem auch. Die Marke wird zu seiner Marke, sie wird zu einer Kundenmarke, ja sie wird zu einer Love Brand. Der Kunde wird zu einem leidenschaftlichen, bedingungslosen Markenfan. Er schätzt nicht nur die Innovationskraft der Marke, die für ihn auf Platz 1 steht. Ihn fesseln nicht nur die Geschichten, die Erzählungen, die Mythen, die er mit der Marke verbindet und die ihn natürlich auch emotional ansprechen. Er erwirbt die Marke nicht nur wegen ihres praktischen Nutzens oder wegen des guten Gefühls à la „Ich besitze etwas Wertvolles". Der Kunde schätzt vor allem an ihr, dass ihm diese Marke eine Heimat gibt, indem er Teil der Wertegemeinschaft wird. Ihre Anziehungskraft ist so gewaltig, dass er sich ihr nicht entziehen kann und auch gar nicht will.

Die begriffliche Abgrenzung zwischen USP, ESP und SSP ist in der Tabelle auf der rechten Seite noch einmal im Überblick zusammengefasst.

	USP	ESP	SSP
	Unique Selling Proposition	Emotional Selling Proposition	Social Selling Proposition
Kundensicht	Welchen Nutzen habe ich?	Wie fühle ich mich wohl?	Wo habe ich eine Heimat?
Eigenschaft	rational	emotional	sozial
Was steht im Vordergrund	Nutzen	Emotionen	Sinn
Einflussfaktoren auf die Kaufentscheidung des Kunden	· bedeutsam · wahrnehmbar · dauerhaft · effizient	· gefühlsbetont · sympathisch · angenehm · motivierend	· Community · Communication · Content · Culture
Ziel	Marken-verlässlichkeit → zufriedener Kunde	Marken-sympathie → begeisterter Kunde	Wertegemeinschaft der Marke → Kunde als „Markenbot-schafter" und vor allem Mitglied der Wertegemein-schaft
Key Facts	Nutzen → Vermittlung von Vorteilen → „Ich besitze etwas Besseres."	Emotionen → Vermittlung eines guten Gefühls → „Ich besitze etwas Wertvolles."	Sinnerfüllung → an einem Wert teilhaben; den Wert verinnerlichen → „Ich bin Teil einer wertvollen Gemeinschaft"
Wie ist die Marke?	nützlich	emotional	vereinend
Primäres Target/ Initiierung	Vermarktung von Marken mit Allein-stellungsmerkmal → Nutzen → rational	Vermarktung von emotionalen Aspekten von Marken → gutes Gefühl → emotional	Vermarktung von etwas Sinngebendem → Sinnerfüllung → spirituell

Die sinnstiftende Wirkung einer Marke, die von Unternehmen durch den Einsatz der Social Selling Propositions beabsichtigt wird, ist wohl eine der herausforderndsten Aufgaben. Geht es doch darum, Marken mit ganz persönlicher Relevanz und Bedeutung aufzuladen, um so eine sehr starke Bindung zwischen Produkt und Kunden zu schaffen. Die Sinnstiftung durch eine Marke selbst, durch ein Produkt an sich, ist sehr vielfältig und deren Thematisierung würde den Rahmen dieses Buches sprengen. Im Folgenden möchte ich mich darauf konzentrieren, wie Ihre Marke zu einem Sinnstifter für die Kunden werden kann.

In der Regel entfalten Marken eine sinnstiftende Wirkung, sobald die Kunden die Eigenschaften einer Marke auf sich selbst übertragen. Das kann natürlich auf individueller Ebene geschehen, aber auch durch die Zugehörigkeit zu einer sozialen Gruppe zum Ausdruck kommen. Und genau das ist es, was Love Brands so erfolgreich macht: Sie entfalten ihre sinnstiftende Wirkung, indem sie dem Kunden die Zugehörigkeit zu einer Wertegemeinschaft ermöglichen, in der die Marke nicht nur erlebt, sondern auch gelebt und weitergetragen wird.

Die Bedeutung von Wertegemeinschaften für Love Brands

Bei der Bezeichnung „Wertegemeinschaften" denken wir oft an religiöse, politische oder familiäre Gemeinschaften: Wir sind in der Wertegemeinschaft unserer Familie groß geworden, bekennen uns zu einer politischen Partei oder gehören einer religiösen Gemeinschaft an. Die Mitglieder einer Wertegemeinschaft verbinden gemeinsame Wertvorstellungen. Wir sind aus Überzeugung in Wertegemeinschaften, fühlen uns als Teil von ihr und leben deren Werte. Ich kann mich noch gut an meine Kindheit erinnern, in der ich mit meinen Eltern und Geschwistern jeden Sonntag in den Gottesdienst in unsere Dorfkirche ging. Es war ein schönes Ritual, mit dem nicht nur der Verbund unserer Familie, sondern auch der

Verbund in der Gemeinde, ja in der gesamten Glaubensgemeinschaft gestärkt wurde.

Das gleiche Muster ist in vielen anderen Bereichen zu finden. Das wöchentliche Verfolgen der Spiele des eigenen Fußballvereins im Stadion oder vor dem Fernseher zusammen mit anderen Fans ist ein Ritual, das manchen „heilig" ist. Gemeinsam wird in brenzligen Situationen gefiebert, gemeinsam wird bei Niederlagen gelitten, gemeinsam werden die Siege gefeiert. Die Fans sind Mitglieder einer großen Gemeinschaft, mit der sie sich mit Stolz identifizieren. Das Tragen von Trikots, einer Mütze, einem Schal oder eines anderes Accessoires ihres Lieblingsvereins sowie der Logosticker auf dem eigenen Fahrzeug sind Ausdruck dieser Identifikation und auch des Stolzes, dazuzugehören.

Oder denken Sie an den Rotary und den Lions Club, die wohl mitglieds-stärksten Serviceclubs weltweit mit jeweils über einer Million Mitgliedern. Wer hier Mitglied ist, weiß, wovon ich spreche. Hier geht es nicht nur um bestimmte Vorzüge, die mit der Mitgliedschaft verbunden sind. Nein, es geht um viel mehr. Der Grundgedanke bzw. das offizielle Motto des Lions Clubs lautet beispielsweise „We Serve" bzw. „Wir dienen". Mit dem Eintritt in die Vereinigung verpflichtet sich jedes Mitglied, den Dienst am Nächsten über seinen Profit zu stellen. In freundschaftlicher Verbunden-heit sind die Mitglieder bereit, sich im Namen des Lions Club den gesell-schaftlichen Problemen unserer Zeit zu stellen und uneigennützig an ihrer Lösung mitzuwirken. Lions helfen, wo immer sie können, und enga-gieren sich ehrenamtlich für Menschen, die Hilfe brauchen – egal ob in der unmittelbaren Nachbarschaft mit Kinder- und Jugendprojekten oder in Entwicklungsländern.

Auch Rotary setzt sich mit seinem Motto „Service Above Self – Selbst-loses Dienen" als älteste Serviceclub-Organisation der Welt für soziale Projekte ein. Die Rotary-Mitglieder rund um die Erde, die internationale Freundschaften pflegen und nach sozialen Grundsätzen leben, enga-gieren sich gemeinsam dort, wo Hilfe benötigt wird. Dabei konzentriert sich Rotary auf Schwerpunktbereiche, wie die Förderung von Frieden, die Bekämpfung von Krankheiten, die Schaffung von Zugang zu sauberem Wasser, den Schutz von Müttern und Kindern, die Förderung von Bildung sowie die Unterstützung lokaler Wirtschaftskreisläufe. Die Rotary-Mitglieder erleben dabei nicht nur die Wertegemeinschaft, sondern sie wird von ihnen auch gelebt und weitergetragen.

Sorgen Sie für eine gelebte Werthaltung Ihrer Marke. Das schafft Beziehung, das schafft Gemeinschaft!

Marken benötigen für den langfristigen Erfolg eine eindeutige, gelebte Werthaltung (vgl. Kapitel „Eine Marke – individuell wie ein Mensch"). Denn gerade über die gelebte Werthaltung entsteht eine wirkliche Beziehung zu dieser Marke. Den Kunden jedoch auf einer echten Beziehungsebene zu erreichen, das schaffen nur ganz besondere Marken, das schaffen nur Love Brands: Sie werden von den Kunden nicht nur aufgenommen und weiterempfohlen, sondern die Kunden geben der Marke auch selbst etwas zurück – und genau das schafft Beziehung, das schafft Gemeinschaft. Die Beziehung zu einer Marke wird vor allem in einer Love Brand Community deutlich: Hier wird der Markenfan Teil einer ganz besonderen Wertegemeinschaft und erfährt Nähe und Zuwendung von den Community-Mitgliedern. Die Beziehung spielt sich auf einer ganz anderen Ebene ab als bei Marken, die vielleicht eine Community, aber keine derartige Wertegemeinschaft haben. Wertegemeinschaften von Love Brands tangieren die spirituelle und soziale Ebene, sie sind vergleichbar mit Glaubensgemeinschaften, weil sie ähnlich einer Religion Identität verleihen und Sinn stiften.

Ich möchte hier eine klare Grenze ziehen zwischen Communitys, die vor allem durch die digitale Revolution über die diversen Social Networks im World Wide Web ihren Hype erfahren, und den Wertegemeinschaften im zuvor genannten Sinne. Heute werden Communitys zum Teil sogar beschränkt auf Gemeinschaften, die im Word Wide Web agieren, sich virtuell ausschließlich dort treffen und austauschen. Bei Wertegemein-schaften – und damit auch bei Wertegemeinschaften von Marken – geht es jedoch über das virtuelle und auch über das physische Zusammen-treffen mit dem damit verbundenen Austausch hinaus.

Auch der Begriff *Brand Community* bringt nicht das auf den Punkt, was ich hier unter Wertegemeinschaft von Marken verstanden sehen möchte. Er liefert uns jedoch eine gute Grundlage, auf der eine Wertegemeinschaft von Marken aufgebaut werden kann. Denn unter einer Brand Commu-nity wird grundsätzlich eine Gemeinschaft verstanden, in der die Marke als Dreh- und Angelpunkt eines organisierten Netzwerks fungiert. Die Mitglieder dieses Netzwerks treffen sich physisch – zum Beispiel auf Events – oder tauschen sich virtuell im World Wide Web aus. Initiiert werden derartige Netzwerke sowohl von den Kunden als auch von den Unternehmen selbst. Doch oftmals werden solche Communitys nur zum Austausch von Informationen genutzt, vor allem auch dann, wenn sie von den Unternehmen selbst initiiert wurden.

Legen Sie die Grundlage für eine Wertegemeinschaft für Ihre Marke!

Die Wertegemeinschaften von Marken, die ich meine, gehen weit darüber hinaus. Hier werden nicht nur Informationen ausgetauscht. Hier sind die Mitglieder Teil der Gemeinschaft. Sie identifizieren sich mit ihr. Hier geben die Marken die Richtung an, die die Kunden in sich aufnehmen und in die Welt hinaustragen. Voraussetzung dafür ist, dass die Marken von den Kunden auch wirklich geliebt werden. Daher bezeichne ich diese ganz besonderen Wertegemeinschaften von Marken als Love Brand Communitys.

Eine *Love Brand Community* ist natürlich vom Grundsatz her auch eine Brand Community mit den oben genannten Merkmalen. Doch eine Love Brand Community unterscheidet sich von anderen Brand Communitys vor allem dadurch, dass die Kunden die Marke lieben und sich für die Marke engagieren. Sie versuchen, andere Menschen für die Marke zu begeistern, sie missionieren diese geradezu. Der Erfolg von Love Brands stellt sich so förmlich von allein ein, und zwar durch das von der Love Brand Community gelebte „Communiting".

Die vier Cs des Communiting

Ein sehr authentisches Beispiel dafür, wie Communiting in einer Love Brand Community funktioniert, ist eine Marke, die sich ihre Anhänger sogar eintätowieren lässt: Harley-Davidson. Das amerikanische Unternehmen stellte in seiner Kommunikationsstrategie vor allem den Charakter und die Erlebniswelt der Produkte in den Vordergrund. Der Mythos des amerikanischen Traums von Abenteuer und Freiheit wurde zu einem Synonym für die Marke. Mit diesem Mythos wurde die große „Harley-Davidson-Familie" geschaffen, die in Harley-Treffs auf der ganzen Welt erlebbar wird und in der Harley Owners Group (HOG) ihre Vollendung findet. Dabei geht es um die einzigartige Verbundenheit einer Community, in der jeder stolz ist, dabei sein zu „dürfen", in der Freundschaften geschlossen und Probleme unter Kumpels gelöst werden. Vor kurzem traf ich Freunde, die auf ihren Harleys eine kleine Tour durch die Serpentinen der Nordwestküste Mallorcas gefahren sind. In ihren begeisterten Erzählungen war die Verbundenheit zur Marke und zur Brand Community förmlich zu spüren.

Bernhard Gneithing, Marketing-Direktor der Harley-Davidson GmbH, bringt es in seinem Zitat auf den Punkt: „Wir verkaufen einen Lebensstil – das Motorrad gibt es gratis dazu." Konsequenterweise wird neben dem „reinen" Motorrad auch entsprechende Motorradkleidung angeboten, darüber hinaus auch Freizeitkleidung, Wohn- und Geschenkartikel – natürlich jedes Produkt mit dem Harley-Davidson-Logo „markiert". Gibt es bessere Markenbotschafter als die Harley-infizierten Fans, die das Lebensgefühl „born to be wild" genauso schätzen wie den „Individualismus" der Marke? Wohl kaum. Zusätzliche Sinnstiftung wird dadurch erzielt, dass das Unternehmen mit der Harley-Davidson Foundation vielfältige Charity-Projekte unterstützt.

Die zuvor dargelegten Ausführungen, in denen die Voraussetzungen für eine Love Brand thematisiert wurden, und erfolgreiche Love-Brand-Beispiele wie Harley-Davidson zeigen, dass vier Faktoren den Erfolg von Love Brands bestimmen: Community, Culture, Communication und Content. Diese vier Cs stehen für das Communiting, mit dem eine Marke zu einer Love Brand werden kann. Die Besonderheit des Communiting liegt darin, dass hier nicht allein das Unternehmen im „Driver's Seat" sitzt, sondern dass das Communiting vor allem auch durch die Mitglieder der Community beeinflusst und zum Teil sogar auch gesteuert wird.

Schaffen Sie eine Love Brand mit Communiting und seinen vier Cs!

Eine *Community* ist die Basis einer Love Brand, sie ist eine Wertegemeinschaft, die den Mitgliedern eine Heimat schenkt, in der die Mitglieder sich sicher und geborgen fühlen. Die Beziehung zur Marke und auch zu den anderen Mitgliedern der Community ist geprägt durch eine hohe Verbundenheit, durch ein extrem hohes Commitment. Im Beispiel von Harley-Davidson ist es die große Harley-Davidson-Familie, die diese Community ausmacht. Die Community ist jederzeit für ihre Mitglieder da, egal wann und mit welcher Intensität diese sich an ihr beteiligen – sie sind immer willkommen. Bei Love Brands ist die Intensität und auch der Umfang der Beteiligung an der Community per se höher als in anderen Brand Communitys, weil die Mitglieder ihre Marke lieben. Sie leben sie, sie identifizieren sich mit ihr und tragen sie in die Welt hinaus.

Nicht zuletzt aufgrund ihrer hohen Beteiligung erfahren die Mitglieder einer Love Brand Community ehrliche Anerkennung und Wertschätzung, der Kern der *Culture* des Communiting. Bei Harley-Davidson genießt das Mitglied nicht nur durch den Besitz eines dieser Kult-Motorräder Anerkennung, sondern auch durch das Fahren von anspruchsvollen Touren, durch die Teilnahme an Harley-Treffs sowie durch das Engagement in der Harley-Davidson Foundation. In Communitys tauschen die Markenfans mehr als „nur" Informationen aus, sie teilen gemeinsame Erlebnisse und üben durch ihr Engagement Einfluss auf die Marke aus.

Über die gemeinsamen Erlebnisse und die Kommunikation, also der *Communication* in einer Love Brand Community zwischen den Mitgliedern der Community und auch zwischen der Marke (bzw. dem dahinter stehenden Unternehmen) und den Mitgliedern – entsteht eine ganz besondere Beziehung, sowohl zu den anderen Mitgliedern als auch zu der Marke selbst. Dies wird bei Harley-Davidson physisch beispielsweise über die zahlreichen Events wie Harley-Treffs gefördert und im Online-Bereich über Foren sowie Facebook. Communication wird beim Communiting in einer Love Brand Community sehr intensiv betrieben. Sie ist die Quelle für das daraus entstehende „Wir-Gefühl", die einzigartige Verbundenheit, die wiederum auf gemeinsamen Interessen basiert.

Auf der Grundlage der gemeinsamen Interessen, die im *Content* des Communiting begründet liegt, entsteht in Love Brand Communitys – und das ist wohl das stärkste Abgrenzungskriterium gegenüber anderen Brand Communitys – ein sinnstiftender Zweck. Bei unserem Beispiel Harley-Davidson ist es der Mythos vom amerikanischen Traum, von Abenteuer und Freiheit. Die Mitglieder sehen in ihrer Beteiligung in der Love Brand Community einen Sinn und fühlen sich einmal mehr mit der Community verbunden. Die Intensität der Beziehung korreliert mit dem der Sinnstiftung der Love Brand Community. Mit den vier „Ps" formulierte McCarthy in den 1960er-Jahren die Aufgaben des Marketings im Rahmen des Produktmanagements (vgl. Kapitel „Marketing 4.0: Die Zeit ist reif für das Communiting"). Analog dazu möchte ich mit den vier „Cs" die Hauptaufgaben des Communiting auf dem Weg zur Love Brand beschreiben, wie in der Grafik rechts zu sehen.

- *Schaffen einer wertebasierten Community mit*
- *einem sinnstiftenden Content,*
- *einer authentischen Communication und*
- *einer wertschätzenden sowie anerkennenden Culture.*

Lassen sich auch Ihre Kunden – wie die Harley-Fans – bereits Ihr Markenzeichen eintätowieren? Wenn nicht, haben Sie auf jeden Fall noch Potenzial. Ansätze dafür, wie Sie dieses Potenzial erschließen können, möchte ich Ihnen im Folgenden zeigen.

WERTEBASIERTE COMMUNITY

WERT-
SCHÄTZENDE,
ANERKENNENDE CULTURE

SINN-
STIFTENDER CONTENT

AUTHENTISCHE COMMUNICATION

Ihr Weg zur **Love**

Brand

mit
Communiting

Wie Sie am Beispiel Harley-Davidson im vorangegangenen Kapitel gesehen haben, ist es nicht zwingend notwendig, ein offensichtlich sinnstiftendes Produkt zu haben, damit eine Marke Sinn stiften kann. Ein Motorrad per se hat keine sinnstiftende Wirkung, sehr wohl dagegen das, wofür es steht. Im Fall Harley-Davidson also der amerikanische Traum von Abenteuer und Freiheit. Der Sinn, den der Kunde erfährt, wird also weniger durch das Produkt als vielmehr durch die Aufladung der Marke und Inszenierung um sie herum geschaffen. Diese wiederum wird durch das Communiting über Community, Communication, Culture und Content getragen. Und genau darum geht es im Folgenden.

Nutzen Sie das Potenzial
Ihrer Community

Der Erfolg von Love Brands beruht auf gelebten Wertegemeinschaften, beruht auf der Verbundenheit der Mitglieder in einer Love Brand Community (vgl. Kapitel „Die Bedeutung von Wertegemeinschaften für Love Brands"). Eine Community kann grundsätzlich von einem Unternehmen oder von den Mitgliedern selbst gegründet und betrieben werden. In beiden Fällen zeichnen sich Love Brand Communitys dadurch aus, dass sie von den Unternehmen zwar gefördert werden, diese sich aber mit der Einflussnahme zurückhalten.

Halten Sie sich mit der Einflussnahme auf die Community Ihrer Marke zurück.

Unternehmen, die hinter allgemeinen Brand Communitys stehen, üben oftmals hohen Einfluss auf die Community aus, weil sie dessen Mitgliedern nicht trauen und befürchten, diese könnten ihre Marke schädigen. Diese Befürchtung müssen Unternehmen hinter Love Brand Communitys nicht haben. Sie können ihren Mitgliedern vertrauen, denn diese werden ihrer geliebten Marke keinen Schaden zufügen. Diese Unternehmen sollten ihren Communitys aber dennoch Aufmerksamkeit schenken, weil sie von diesen sehr viele wichtige und gewinnbringende Informationen erhalten. Engagierte Kunden haben jede Menge kreative Energie und stellen dem Unternehmen gern ihr Wissen und ihre Ideen zur Verfügung, die diese bei der künftigen Entwicklung der Marke und auch der Markenführung nutzen können.

Machen Sie sich bewusst, dass die Community Ihrer Marke zur Wertschöpfung Ihres Unternehmens beiträgt!

Eine Brand Community zeichnet sich durch eine extrem hohe Markenloyalität und Weiterempfehlungsquote aus.[76] Die Markenbildung wird von deren Mitgliedern selbst beeinflusst, in einer Love Brand Community noch stärker als in einer „normalen" Brand Community. Insofern tragen die Kunden zur Wertschöpfung des Unternehmens bei. Ein Grund mehr für die Unternehmen, sich um die Communitys ihrer Marken zu kümmern.

Im Zentrum einer Brand Community steht die Marke, um die sich die Aktivitäten ihrer Mitglieder drehen. Marken sind fester Bestandteil im Leben der Kunden geworden. Die im September 2014 erschienene Studie von Havas Worldwide „Hashtag Nation: Marketing to the Selfie Generation" belegt, dass bei 45 Prozent der 16- bis 34-Jährigen Marken eine wichtige Bedeutung in ihrem Leben einnehmen, was u.a. auf ein gewisses Zugehörigkeitsgefühl zu Marken und zu deren Brand Communitys zurückzuführen ist. Insgesamt gaben 60 Prozent dieser Gruppe an, dass es sich einfach gut anfühlen würde, wenn man jemanden sieht, der die gleiche Marke trägt.[77] Die Studie „brandshare 2013" von Edelmann belegt, dass 87 Prozent der deutschen Konsumenten sich mehr Möglichkeiten wünschen, um an der Welt ihrer Marken teilzuhaben. Nur sieben Prozent sind der Meinung, dass Marken darin heute schon gut sind. Dabei zahlt sich – wie die Untersuchung zeigt – die Einbeziehung von Konsumenten wirtschaftlich aus.[78] Entscheidend ist jedoch, wie und über welche Kommunikationsplattformen die User einbezogen werden. Darauf gehe ich im Kapitel „Communication" intensiver ein.

Viele Unternehmen denken bei Communitys sofort an Facebook, die sowohl weltweit als auch deutschlandweit am zweithäufigsten besuchte Website.[79] Doch eine Ogilvy-Studie aus dem Frühjahr 2014 belegt, dass die organische Reichweite von Inhalten, die auf Facebook-Seiten publiziert werden, auf zwei Prozent gesunken ist. Interaktionen finden laut der Studie nur mit 0,07 Prozent der Fans statt.[80] Damit verliert Facebook bei Communitys und auch im Social-Media-Marketing an Bedeutung.

Nutzen Sie Ihre eigene Brand Community! Verlassen Sie sich nicht nur auf die allgemeinen Social-Media-Netzwerke!

Der Forrester-Analyst Nate Elliott zieht vor den aufgezeigten Hintergründen in einem Blogbeitrag die Schlussfolgerung, dass Facebook nicht länger im Fokus des Beziehungsmarketings von Unternehmen stehen sollte, und schreibt: „It's time for marketers to start building social relationship strategies around sites that can deliver value."[81]

Er empfiehlt den Aufbau eigener Brand Communitys. Unternehmen sollten insbesondere vor diesem Hintergrund die strategische Verankerung der Social-Media-Maßnahmen überprüfen. Denn der „Kanal" Facebook werde nach wie vor als klassisches Push-Marketing-Werkzeug missverstanden und im Sender-Empfänger-Modell bearbeitet. Ohne die interne Vernetzung würden die Social-Media-Marketing-Maßnahmen jedoch Gefahr laufen, keine Wirkung zu zeigen.[82]

Viele Unternehmen sind auf Social-Media-Kanälen aktiv, dennoch verfügen die wenigsten über eine Strategie, mit der eine nachhaltige und systematische Monetarisierung ermöglicht wird. Das Fehlen einer funktionsübergreifenden Strategie zeigt eine gemeinsame Studie der Universität Zürich und Lithium: Sie belegt, dass 92 Prozent der Unternehmen Facebook, aber nur 17 Prozent eigene Foren oder Communitys haben.[83] Markenunternehmen werden die Community auf der eigenen Webseite als Gegenmittel (wieder-)entdecken, so die Prognose des Forrester-Analysten Elliott.[84]

Sinnstiftender Content als Basis einer Love Brand Community

Beim Communiting ist der Content, also der Inhalt der Community, das Fundament. Dabei geht es in der Love Brand Community über die inhaltliche Komponente der Marke weit hinaus. Auf dem Markt ist der Trend zu beobachten, dass immer mehr Marken selbst hochwertige Inhalte produzieren und auf die derzeit beliebte Owned-Media-Strategie statt auf Paid-Media setzen. Unternehmen versuchen immer stärker, statt bezahlter Werbemaßnahmen über TV und Print selbstproduzierte Inhalte über unternehmenseigene Websites, Kundenzeitschriften, Business TV, Corporate Blogs sowie Facebook, Twitter und YouTube zu verbreiten.

Wertvoller Content überzeugt nicht nur, sondern begeistert Menschen und lädt zur Interaktion ein. Bei Love Brands werden aber nicht nur von den Unternehmen wertvolle Inhalte produziert, sondern von der Love Brand Community, also auch von den Kunden selbst.

Das Produzieren von Inhalten durch die Mitglieder der Community ist, so wie auch die Art und der Umfang einer Beteiligung der Mitglieder an der Community an sich, davon abhängig, inwiefern die Mitglieder einen sinnstiftenden Zweck darin erkennen. Wie zuvor dargestellt, sind immer mehr Menschen auf der Suche nach Sinn (vgl. Kapitel „Bewusstsein, das Werte schafft"). Dies gilt nicht nur für die Generation Y, bei der an die Stelle von Status und Prestige eher Freiräume, mehr Zeit für Familie und Freizeit, die Möglichkeit der Selbstverwirklichung, die Freude an der Arbeit und vor allem die Sinnsuche ins Zentrum rücken. Der Trend- und Zukunftsforscher Matthias Horx beschäftigt sich seit langem mit diesem Thema und bestätigt diese Entwicklung in seiner Studie „Sensual Society. Die neuen Märkte der Sinn- und Sinnlichkeitsgesellschaft".[85]

Stellen Sie einen sinnstiftenden Zweck für die Beteiligung der Mitglieder Ihrer Brand Community sicher!

Ein sinnstiftender Zweck entsteht grundsätzlich dann, wenn Menschen in einer Aktivität einen tiefen Sinn entdecken. Dieser kann in Communitys ganz unterschiedlicher Natur sein, wie beispielsweise das Engagement für eine gute Sache, das gemeinschaftliche Lösen von Problemen, die sogenannte Co-Creation, oder auch die Einbindung in Geschichten.

Bei einer Community, die einen *Charity*-Gedanken verfolgt, ist der Sinn des Engagements offensichtlich. Eine der wohl jüngsten Initiatoren in diesem Bereich ist Felix Finkbeiner, der 2007 als Neunjähriger die Schülerinitiative Plant-for-the-Planet gründete. Vor kurzem erfuhr ich von Felix – in einem seiner mittlerweile zahlreichen Vorträge – die Geschichte des Gründens und Wachsens der Community aus erster Hand. In einem Referat, inspiriert von Wangari Maathai, die in Afrika in 30 Jahren 30 Millionen Bäume gepflanzt hatte, formulierte Felix 2007 seine Vision: „Kinder könnten in jedem Land der Erde eine Million Bäume pflanzen. Und so auf eigene Faust einen CO_2-Ausgleich schaffen, während die Erwachsenen nur darüber reden. Denn jeder gepflanzte Baum entzieht der Atmosphäre pro Jahr ca. zehn Kilogramm CO_2."[86] Heute sind in der Community weltweit über 100.000 Kinder aktiv. 34.000 von ihnen sind Botschafter für

Klimagerechtigkeit. Diese neun- bis zwölfjährigen Botschafter geben ihr Wissen an andere weiter und bilden diese ebenfalls zu Botschaftern aus. Dadurch erreicht Plant-for-the-Planet möglichst viele Kinder und motiviert sie, für ihre Zukunft aktiv zu werden. Bis heute wurden über 14 Milliarden Bäume gepflanzt, bis 2020 sollen es eine Billion sein. Wer als Pate oder Mitglied die Community unterstützt, auf seiner Tree-Card, der Baumsammelkarte, seine gepflanzten Bäume sammelt oder einfach nur die Plant-for-the-Planet-Schokolade genießt, trägt zum Erreichen dieses ambitionierten, aber durchaus realistischen Ziels bei.

Während die Paten, Mitglieder und Botschafter der Community von Plant-for-the-Planet vor allem durch reale Begegnungen ihre Ziele zu erreichen versuchen, gibt es andere Communitys, die vor allem die neuen Möglichkeiten des digitalen „Mitmachnetzes" nutzen. Ein Vorzeigebeispiel dafür ist „RESET – Times for a better world", die von einem Freund und Geschäftspartner, Bodo Kräter, Managing Partner Skillnet, 2007 mit gegründet wurde. Seine Erfahrungen aus über 25 Jahren Projektmanagement für internationale TIMES-Konzerne (Telekommunikation, Internet, Medien, E-Business, Service Provider) fließen aktiv bei RESET ein, um Umwelt- und Entwicklungsprojekte effektiver zu planen, zu managen und zu refinanzieren. Die www.reset.org ist die erste Plattform im deutschsprachigen Netz, die tagesaktuelle News zu ökologischen und humanitären Fragen mit Hintergründen, Informationen zu ausgewählten Projekten sowie direkten Handlungsmöglichkeiten verknüpft. Sie vermittelt fundierte Informationen aus den genannten Bereichen und verlinkt diese mit internationalen Projekten, Petitionen sowie Angeboten, selber aktiv zu werden. www.reset.org fördert zudem den kommunikativen Austausch der User, ist ein virtueller Spendenguide sowie Ratgeber für einen nachhaltigen Lebensstil. So wurde RESET bereits mehrmals von der UNESCO-Kommission zum offiziellen Projekt der UN-Dekade „Bildung für nachhaltige Entwicklung" erklärt. Mit dieser Auszeichnung werden Initiativen geehrt, die das Anliegen der weltweiten Bildungsoffensive der

Vereinten Nationen vorbildlich umsetzen und nachhaltiges Denken und Handeln erfolgreich vermitteln. Bereits wenige Monate nach dem Launch der Plattform, die zwischenzeitlich für Indien adaptiert wurde, wurde RESET im Juni 2008 zum ersten Mal als offizielles Projekt der UN-Dekade ausgezeichnet. Schon damals hatte die Fachjury die vorgegebenen Kriterien als erfüllt angesehen.[87]

Binden Sie die Kunden sinnstiftend in die Community Ihrer Marke ein! Co-Creation kann dazu ein geeigneter Weg sein!

Aber nicht nur bei Communitys, die Charity verfolgen, erfährt das Mitglied Sinn in seinem Engagement. Auch andere Engagements wie zum Beispiel *Co-Creation* können ein sinnvoller Weg sein. Bei Co-Creation werden nicht nur wichtige Erfahrungen zwischen dem Unternehmen und Mitgliedern der Community geteilt, sondern darüber hinaus hat der Kunde die Möglichkeit, aktiv zu gestalten. Bei Love Brand Communitys ist dies unabdingbar, da die Markenfans sich dadurch einbringen können, Wertschätzung erfahren und sich so mit der Community noch stärker verbinden.

Einige Unternehmen nutzen bereits Co-Creation gemeinsam mit ihren Kunden. Dabei ist die Co-Creation so variantenreich wie die Unternehmen selbst. Die Wohnplattform Airbnb zum Beispiel nutzt Co-Creation, indem sie ihre Mitglieder auf ihrer Website aufruft: „Mache Airbnb zu Deinem Airbnb. Gestalte Dein Symbol, erzähl Deine Geschichte." Oder nehmen Sie Lindt: Wer feine Pralinés, Chocolate Bits oder eine Tafel Schokolade mit einem ganz persönlichen Gruß versehen möchte, kann unter lindt.de seine eigene, ganz persönliche Geschenkverpackung gestalten und seine „Süßen Grüße" zu besonderen Anlässen an Freunde, Verwandte und Bekannte versenden.

Eines der ersten Unternehmen, das mit Co-Creation Massenindividualisierung ermöglicht hat, ist wohl mymuesli.de aus Passau. Gegründet wurde mymuesli.de von drei Studenten, die ein zuckerfreies Müsli aus biologischen Zutaten anbieten wollten, das sich jeder nach seinen Vorlieben zusammenstellen kann. Mittlerweile hat das Unternehmen sogar Ladengeschäfte in ausgewählten Städten eröffnet und die Facebook-Fangemeinde ist auf über 110.000 Fans angestiegen.

Mitglieder einer Community können über Co-Creation auch in den Innovationsprozess des Unternehmens einbezogen werden: Die Unternehmen generieren gemeinsam mit den Mitgliedern der Community Ideen und lassen deren Perspektiven in den Entwicklungsprozess einfließen.[88] Tchibo beispielsweise ermöglicht Usern der Tchibo-Community auf der Website tchibo-ideas.de, auf der auch an Produkttests, Votings und Workshops teilgenommen werden kann, Aufgaben zu stellen, die sie gern gelöst hätten. Egal ob „Mein Toast wird nie, wie ich ihn gerne hätte" oder „Der Hausschlüssel lässt sich nie auffinden" – die Community versucht, eine Lösung für das Problem zu finden. Aus besonders guten Ideen lässt Tchibo dann ein Produkt entwickeln.

Co-Creation wird nicht nur für Innovationen im B2C-Bereich, sondern auch im B2B-Bereich eingesetzt, wie das folgende Beispiel von FedEx zeigt: Das Logistikunternehmen suchte nach einer Lösung, wie ein Gewebe für Organspenden ohne Unterbrechung der Transportkette auf den Punkt genau geliefert werden kann. So entwickelte FedEx gemeinsam mit Zulieferern und Medizinern eine innovative Logistiktechnologie, die die Schlüsseldaten des Gewebetransports wie Ort, Temperatur und Druck managt.

Ausschlaggebend für den Erfolg von Innovationen durch Co-Creation in einer Brand Community sind unter anderem eine klare, verständliche Aufgabenstellung bzw. Zielsetzung sowie Inspirationen, die die Community in Kombination mit bestehenden Ideen auf neue, idealerweise geniale Ideen bringt. Hier ist eine anwenderfreundliche Archivierung der Inhalte, die den Mitgliedern jederzeit zugänglich ist, unabdingbar.

Kunden von Love Brands sind in hohem Maße daran interessiert, Einfluss auf Innovationen, auf die Entwicklung ihrer Marke zu nehmen. Das bestätigt auch die Studie „brandshare 2013" von Edelmann, in der 95 Prozent der Befragten in Deutschland angeben, dass sie am Design- und Entwicklungsprozess teilhaben möchten.[89]

Kunden wollen an den Geschichten Ihrer Marken teilhaben. Binden Sie sie als Teil der Story mit ein!

Geschichten werden erzählt, seit es Menschen gibt. Neben Mythen sind Geschichten die wichtigsten Sinngeber des Lebens. Ohne Geschichten wären auch Religionen sinnleer – schließlich werden religiöse Inhalte auf der ganzen Welt als Geschichten vermittelt. Wir suchen in unserer westlichen Kultur aber den Sinn nicht nur in der Religion, sondern auch im Konsum. Der Konsum ist nicht nur nach dem Philosophen Walter Benjamin längst zu einer „Ersatzreligion" geworden. Deshalb sind auch Marken „Sinnvermittler" und „Sinngeber". Unser Gehirn, vor allem unser emotionales Großhirn, versucht unsere individuellen Lebenserfahrungen, kulturell übernommenen Bilder und Geschichten mit aktuellen Erfahrungen und Erlebnissen zu gänzheitlichen Sinneszusammenhängen zu verknüpfen.

Geschichten helfen damit Erzählern und Zuhörern nicht nur, Erlebtes zu einem Ganzen zusammenzufügen, sondern ihm auch einen Sinn zu verleihen (vgl. Kapitel „Erzählungen, die begeistern"). So nutzen einige Communitys das Geschichtenerzählen zur Sinnstiftung, wie im Fall der hippen „Knutschkugel", dem Fiat 500. Fiat ging dazu Ende 2014 erstmals mit einem eigenen TV-Format on Air. In den „Urban Stories" werden Geschichten rund um den Fiat 500, das perfekte Auto für die Stadt, erzählt. Im Mittelpunkt der 16 Sendungen stehen – neben dem Fiat 500 – Künstler, Musiker und Kreative, deren Leidenschaften durchaus sehr außergewöhnlich, ja sogar verrückt und skurril sind.

So zum Beispiel Tattoo-Model Victoria van Violence oder der Magier und Illusionist Farid. Annemarie Carpendale, die die Serie moderiert, besuchte jede Woche einen dieser außergewöhnlichen Menschen und lud sie in ihren Fiat 500 ein. Die Serie lebt von Geschichten sowie Lebensstilen und zeigt die Vielfalt des städtischen Lebens in den unterschiedlichsten Facetten. In dem sechsminütigen Doku-Talk-Format fungiert die „Knutschkugel" Fiat 500 als Brücke und kontinuierlicher Bestandteil. Das Leitmedium der Kampagne ist TV, und zwar mit jeweils acht Folgen auf Sixx für die weibliche Zielgruppe und ProSieben MAXX für die männliche Zielgruppe. Diese wurden in Zusammenschnitten auf Pro Sieben mit Spots geteasert. Ergänzt wird die Kampagne durch Display-Ads auf den Online-Plattformen der Sendergruppe. Das verbindende Element der gesamten Aktivitäten der Kampagne ist die Landingpage www.fiat-urban-stories.de, auf der die verliebten Knutschkugel-Fans beispielsweise in Breakdance- oder Make-up-Tutorials eingebunden werden.

Geschichten schaffen eine globale Markenwelt, an der die postmodernen Kunden in einer Community teilhaben wollen. Der Empfänger will Teil der Story sein, die Geschichte vielleicht selbst weiterspinnen oder auch selbst eine Geschichte erzählen. Er möchte gern in Interaktion treten, wozu sich die sozialen Medien ideal eignen.

So hat auch das Zielpublikum des Online-Magazins „Journey" von Coca-Cola die Chance, mittels Kommentar- und Share-Funktionen die Beiträge in den sozialen Netzwerken zu teilen. Das Magazin umfasst die Rubriken Unternehmen, Marken, Gesellschaft, Entertainment, Happiness und Mythos.[90] Die Idee, die dahintersteckt: narratives Erleben – die kognitive und emotionale Erfahrung authentischer Geschichten. Mit Songs, in denen der Limo-Name auftaucht, Filmen von Mitarbeitern, die von dem Unternehmensengagement in Indien berichten oder erzählen, welche Rolle Coca-Cola in den 50er-Jahren in ihrem Leben spielte. Die jüngste Initiative heißt „Share a Coke" und produziert personalisierte Dosen und Flaschen, die als beliebte Mementos gern aufgehoben werden und nicht in den Müll wandern. Dieser Ansatz entspricht dem *New Storytelling*. Auf den Punkt gebracht bedeutet er, dass die Marke nicht wie gewohnt eine Geschichte über alle Kanäle hinweg kommuniziert, sondern die Marke die Geschichte ist, d.h. die Marke (inter-)agiert mit den Kunden, sodass die Geschichte der Marke erst im Kopf des Kunden Form annimmt. Die Marke wird zur virtuellen offenen Plattform für Geschichten und Gespräche.

Ein weiteres Beispiel hierfür ist GoPro. Das 2002 in Kalifornien gegründete Kameraunternehmen, das kleine, wasserdichte und ausgesprochen robuste Videokameras herstellt, animiert seine Kunden, die schönsten

Momente ihres Lebens auf ihrer GoPro festzu-halten und auf den Social-Media-Plattformen von GoPro zu veröffentlichen. Tausende von Kunden, die tagtäglich diesem Aufruf folgen, ließen GoPro zu einer der führenden Adressen für faszinierende Videos werden. Die Kunden entwickeln durch die mit GoPro-Produkten aufge-nommenen Videos die Geschichte des Unternehmens, das so – ohne große Kosten – von einem einfachen Kamerahersteller zu einem legendären Lifestyle- und Medienkonzern mutiert und dabei die Marke GoPro entsprechend auflädt. Wenn Kunden dazu animiert werden, sich selbst einzubringen und die Markenstorys mit zu gestalten, mit zu entwickeln und mit zu steuern, wird auch von *Storymaking* gesprochen.[91]

Bieten Sie immer wieder neue, für die Community interessante Aspekte an!

Für jede Community ist es wichtig, eine hohe Attraktivität für ihre Mitglieder zu haben. Schafft sie dies nicht, läuft sie Gefahr, zu einer soge-nannten Zombie-Community zu mutieren, also einer Community, die zwar noch existiert, aber nicht mehr funktioniert, weil dessen Mitglieder nicht mehr aktiv sind. Deshalb ist es auch wichtig, immer wieder neue Inhalte anzubieten. Das dürfte auch der Grund dafür sein, dass Instagram künftig nicht mehr „nur" eine Foto-Community sein will, sondern auch das Thema Musik mit einbezieht. Die erste Post, die den User auf seinem account@music empfängt, lautet: „Musik ist ein großer Teil unseres Lebens hier auf Instagram. Es ist unsere Leidenschaft und wir wissen, dass es auch eure Leidenschaft ist. Also folgt @music – wir denken, ihr werdet etwas Neues entdecken." Die Nachricht stammt von Instagram-Gründer Kevin Systrom. Auf dem neuen Account soll sich dann alles rund um das Thema Musik „abspielen": Bilder von Künstlern über Musik-Fotografen bis hin zu Album-Illustratoren oder Instrumentenherstellern.

Bleiben wir beim Thema Musik, die den Zusammenhalt bestimmter Communitys emotional „triggert". Hier bietet beispielsweise Spotify, der erfolgreiche Musik-Streaming-Dienst mit über 60 Millionen aktiven Usern weltweit und über 15 Millionen zahlenden Kunden, Marken wie Adidas die Möglichkeit, ihre eigene gebrandete Playlist zu entwerfen und von der Community zusammenstellen zu lassen. BMW setzte noch eins drauf: Der Autohersteller schloss sich mit Spotify zusammen und ließ sich für den 320i Musiksammlungen passend zu fünf kultigen Road-Trips in den USA zusammenstellen. Das Ganze hinterlegte BMW mit einer App und einer Kampagne. So wurde das Fahrvergnügen mit dem Community-generierten Markensound vernetzt.

Communication – transparent, verständlich und authentisch

Der aktive Austausch über den zuvor beschriebenen Content, also die Communication im Rahmen des Communiting, nimmt bei Love Brand Communitys eine zentrale Bedeutung ein. Grundsätzlich entsteht für uns Menschen Wert durch Austausch. Denn es gehört zur sozialen Intelligenz, dass Menschen voneinander lernen, an Verbesserungen mitarbeiten und Empfehlungen aussprechen. Dieses menschliche Sozialverhalten hat sich durch die technischen Entwicklungen in die digitale Welt verlagert[92] und wird gerade in Love Brand Communitys intensiv gepflegt, während sich im Vergleich dazu andere Communitys in der Regel – wenn überhaupt – auf die Weitergabe von Informationen beschränken.

Kommunizieren Sie mit der Community Ihrer Marke transparent, nachvollziehbar und glaubwürdig!

Eine Grundvoraussetzung für den Erfolg – zum Beispiel auch der zuvor genannten Co-Creation-Projekte – ist eine transparente und nachvollziehbare Kommunikation. Wenn ein Unternehmen die besten Köpfe und Ideen für sich aktivieren möchte, muss es der Community kommunizieren, was ihre Mitglieder mit ihrer Teilnahme an der Community bewirken können, welchen Sinn eine Beteiligung stiften kann. Beteiligen sich die Mitglieder, erwarten sie schnelle Reaktionen von dem Unternehmen und insgesamt ein hohes Interaktionstempo. Der direkte Austausch zwischen den kreativsten Köpfen – sei es zwischen den kreativsten Köpfen des Unternehmens und den kreativsten Köpfen der Community-Mitglieder oder den kreativsten Köpfen der Mitglieder untereinander – ist dabei von hoher Bedeutung. Deshalb müssen hier entsprechende Kommunikationsmechanismen zur Verfügung gestellt werden, die diesen direkten Austausch unterstützen. Dabei ist es unabdingbar, dass glaubwürdig kommuniziert wird sowie die Mitglieder und ihre Beiträge ehrlich geachtet werden. Nur dann fühlen sich die Teilnehmer der Community fair behandelt und wertgeschätzt.[93]

Die weltweite Markenstudie „brandshare 2014" von Edelmann bestätigt, dass Konsumenten Transparenz in der Kommunikation von Marken, vor allem auch in Bezug auf Ressourcen und Herstellung von Ressourcen, immer wichtiger wird. Hielten 2013 noch 43 Prozent der Konsumenten transparente Kommunikation für wichtig, so waren es 2014 bereits 69 Prozent.[94]

Motivieren Sie die Mitglieder Ihrer Community durch regelmäßige und wertschätzende Feedbacks!

Besonders wichtig ist eine kontinuierliche Kommunikation mit den Mitgliedern einer Community. Durch das virtuelle Kooperieren werden (hierarchische) Grenzen zwischen dem Unternehmen und seinen Kunden aufgehoben. Co-Creation-Projekte sollten als langfristige Prozesse angelegt sein, da dies Einfluss auf die Motivation der Community-Nutzer hat. Denn wenn die Mitglieder den langfristigen Nutzen ihrer Aktivitäten verstehen, dann ist den Unternehmen deren kontinuierliches und dauerhaftes Engagement so gut wie sicher. Ein Lob vonseiten des Unternehmens allein für das Lesen oder Bewerten von Beiträgen ist deshalb nicht nur sinnvoll, sondern förderlich für die Interaktion der Mitglieder. In der nächsten Stufe meldet sich der User vielleicht bereits mit Ideen und Vorschlägen zu Wort. Auch dann sollte das Unternehmen reagieren, zum

Beispiel mit Feedbacks wie „Gratuliere, zwei deiner eingereichten Ideen haben wir bereits in die Umsetzung gegeben. Vielen Dank dafür! Deine Beiträge unterstützen uns sehr!". Solche Feedbacks müssen aber auch authentisch sein, nur dann wirken sie wertschätzend und motivierend.[95]

Communitys haben im Vergleich zu Special-Interest-Plattformen den Vorteil, dass sie den Kunden eine höhere Wertschätzung vermitteln und ihnen das Gefühl geben, einen größeren Einfluss auf das Geschehen im Unternehmen – wie zum Beispiel auf die beschriebenen Innovationen von Produkten – zu nehmen. Bei den einzelnen Mitgliedern der Community kommt an: „Wir schätzen es sehr, dass du dich so sehr engagierst, und dafür möchten wir dir weitere Möglichkeiten geben, dich weiter einzubringen. Du gibst uns Hinweise zu etwas, über das wir selbst noch nicht nachgedacht haben. Du gibst uns Lösungsansätze für Probleme, an denen wir schon lange arbeiten." Das Community-Mitglied erkennt bei einer derartigen Kommunikation, dass das Verhältnis zwischen ihm und dem Unternehmen etwas ganz Besonderes ist, und das wiederum spornt an.

Aber nicht nur der Kommunikation in der eigenen Brand Community, sondern auch der Kommunikation auf Social-Media-Plattformen wie Facebook, YouTube, Xing, Google+ und Twitter – um nur die aktuell fünf größten in Deutschland zu nennen[96] – sollte das Unternehmen Aufmerksamkeit schenken. Die Full-Service-Agentur webguerillas untersuchte die Aktivität ausgewählter Automarken in Deutschland (Audi, BMW, Ford, Hyundai, Mercedes, Opel, Renault, Seat, Skoda, Toyota und Volkswagen) auf Facebook, YouTube und Twitter. Die 2015 erschienene Studie zeigt, dass unter den untersuchten Automarken Audi im Social Web am meisten von sich heraus kommuniziert. Audi bestückt seine Social-Media-Portale regelmäßig und in kurzen Abständen mit neuen Inhalten. Allein der Audi-Deutschland-YouTube-Kanal beinhaltet derzeit rund 1.500 Videos – die meisten davon aus dem vorangegangenen Jahr. Audi verfügt über die größte Facebook-Fanbase (1,5 Mio.) im Test sowie über die meisten Abonnenten (knapp 440.000) auf YouTube. Auch bei den Reaktionszeiten auf den Social-Media-Plattformen sowie bei der Anzahl der Likes,

Shares und Kommentare auf Facebook in Relation zu den Fans liegt Audi weit vorn. Lediglich im Vergleich zu den Abonnenten des YouTube-Kanals werden die Inhalte weniger im Netz geteilt. Dennoch ist Audi insgesamt auf den Plattformen Facebook, YouTube und Twitter am aktivsten und erhält dort auch insgesamt die höchste Aufmerksamkeit sowie die meiste Zustimmung der User. Bei der Viralität – also dem selbstständigen Weiterverbreiten von Markeninhalten – hat allerdings Opel die Nase vorn. Im Vergleich zu seinen Konkurrenten veröffentlicht Opel auf seinen Social-Media-Profilen zwar deutlich weniger Content, dafür wird dieser aber sehr gern und häufig im Netz geteilt. So beispielsweise das simple Bildbekenntnis „Ja, ich fahre Opel! ", das auf Facebook mehr als 30.000 Likes erzielte. Zudem sind es insbesondere auch Videoformate, die deutlich zugenommen haben.[97]

Haben Sie Respekt vor der digitalen Markenmacht!

Das Internet und die sozialen Medien führen zu einer Demokratisierung, die den Communitys eine enorme digitale Markenmacht verleiht. Umso wichtiger ist, dass ihnen die entsprechende Aufmerksamkeit geschenkt wird. Denn diese Demokratisierung hat schon ganze Regierungen zum Scheitern gebracht und macht auch vor Marken nicht halt. Ein prominentes Beispiel hierfür ist wohl Danone mit seiner Marke Actimel. Bereits im Frühjahr 2009 wählten Verbraucher Actimel bei einer Online-Abstimmung der Verbraucherorganisation Foodwatch zur dreistesten Werbelüge des Jahres. Die Imagewerte sanken nach der Wahl zum

Goldenen Windbeutel 2009 im Yougove-Brandindex um 50 Prozent ab und konnten sich bis heute nicht davon erholen. Von dieser schlechten Bewertung waren weitere Marken von Danone wie zum Beispiel Fruchtzwerge und Activia betroffen und auch die Dachmarke selbst verlor an Wert: Sie erreichte nach einem guten Wert von 75 Brandindex-Punkten 2009 im Mai 2014 nur noch 58 Punkte.

Ein weiteres Beispiel für die digitale Marktmacht, das im Gegensatz zu Actimel positiv ausging, ist Rügenwalder Mühle: Kunden protestierten bei der Einführung der vegetarischen „Schinken Spicker" im Netz gegen die Verwendung von Eiern aus Bodenhaltung. So stieg das Unternehmen auf die teureren Eier aus Freilandhaltung um und kommunizierte im Netz, dass man gelernt habe, was die Menschen bewegt, und deshalb dem Wunsch der Konsumenten folge. Sicherlich trug diese Reaktion zu den positiven Entwicklungen bei den vegetarischen Produkten bei, die der mittelständische Wursthersteller aus Bad Zwischenahn danach verzeichnen durfte.

Insgesamt gibt es offline und online eine Vielzahl von Kommunikationsplattformen für Communitys, die sowohl von dem Unternehmen oder auch von den Community-Mitgliedern selbst initiiert werden können. Offline erfolgt der Austausch überwiegend in Form von physischen Zusammentreffen, in der Regel über Events. Bei dem zuvor genannten Harley-Case kommunizieren die Fans online sowohl über eigene Plattformen wie das Harley-Davidson-Forum und die Harley-Davidson-Community als auch über Social Networks wie Facebook oder auch Fachportale wie motor-talk.de, auf denen es eigene Harley-Davidson-Foren gibt. Online wird wiederum auf die Offline-Treffen, den zahlreichen und variantenreichen Harley-Davidson-Events wie die lokalen und überregionalen Harley-Davidson-Treffs oder auch auf Messen, Rallyes und Rennen, hingewiesen.

In Love-Brand-Communitys spielt die gefühlte Kommunikationsfreiheit für die Community-Mitglieder eine zentrale Rolle. Der Anteil an der Markenkommunikation, die von Unternehmen selbst stammt, ist im Vergleich zu anderen Brand Communitys eher gering. In Love Brand Communitys sind die Mitglieder die maßgeblichen Player.

Werte und Wertschätzung in der Culture

Die Mitglieder einer Community empfinden eine Art Verantwortung gegenüber ihrer Gemeinschaft. Sei ihr Wunsch nach Freiheit auch noch so groß, bedarf es Grenzen, bestimmter Spielregeln und Rituale, die von allen Mitgliedern befolgt werden. Dadurch wird ein gemeinsames Bewusstsein hinsichtlich Kultur und Tradition gesichert sowie verhaltensrelevante Normen und Werte entwickelt. Die Mitglieder der Community fühlen sich schon allein dadurch gegenüber der Community und ihren Mitgliedern verpflichtet.

Die Kunden fühlen sich ihrer Community verpflichtet. Das sollten Sie auch!

Eine Love Brand Community ist geprägt durch eine besondere Culture, die von allen Mitgliedern nicht nur gelebt, sondern auch verinnerlicht wird. Die Mitglieder verfolgen ein von der Marke vorgegebenes, aber auch ihr eigenes Wertesystem. Sie haben eine Vision und wollen auch andere davon überzeugen.

Den Mitgliedern einer Love Brand Community ist wichtig, dass die Werte des Unternehmens sozial, wirtschaftlich und ökologisch gerecht sind. Einige Unternehmen haben das bereits erkannt und arbeiten dies nicht nur für sich als Wettbewerbsvorteil heraus, sondern schließen sich mit anderen Unternehmen wiederum in Form von Communitys zusammen, um gemeinsam an diesen Themen zu arbeiten. So zum Beispiel ein Kreis von Bio-Unternehmen, die zu den Pionieren der Branche zählen und sich zu den „WerteMarken" zusammenschlossen, um sich in kollegialer Diskussion mit der Frage auseinanderzusetzen, wie Ethik im Bereich des wirtschaftlichen Handelns heute aussehen sollte und gelebt werden kann. Das erklärte Ziel der WerteMarken ist, diese Debatte auch branchenübergreifend auf möglichst breiter Ebene zu führen, um mit- und voneinander zu lernen. Dazu gibt es einen regen Erfahrungsaustausch über die Machbarkeit und die Konsequenzen einer ganzheitlichen Ethik.[98]

Achten Sie auf eine wertschätzende Kultur in Ihrer Brand Community!

Das Communiting in einer Love Brand Community ist von hoher Anerkennung und Wertschätzung geprägt. Wir erhalten als Mitglied einer Love Brand Community Feedbacks, die uns in unserem Engagement immer weiterbringen. Sowohl eine glaubwürdige Kommunikation als auch die ehrliche Achtung der Mitglieder und ihrer Beiträge sind im Rahmen von Love Brand Communitys nicht nur wichtig, sondern unabdingbar. Nur so können sich Mitglieder der Community fair behandelt und auch wertgeschätzt fühlen. Es dürfen niemals Zweifel an den Absichten des Unternehmens aufkommen.

Ein Unternehmen, das es geschafft hat, die Beteiligung seiner Kunden auf besondere Art und Weise wertzuschätzen, ist Spreadshirt. Das 2002 in Leipzig gegründete Unternehmen ermöglicht nicht nur eine Individualisierung von Produkten, sondern bietet jedem Kunden die Chance, mit einem umfangreichen Shoppartner-System einen eigenen Shop im World Wide Web „zu eröffnen" und bei Bedarf diesen in bereits existierende Websites zu integrieren. Dabei werden die gesamten Geschäftsvorgänge über das Internet abgewickelt. Der Shopbetreiber design seine Produkte mit seinen hochgeladenen Grafiken und Logos, alle anderen Aufgaben zum Vertrieb der designten Produkte übernimmt Spreadshirt: von der Produktion über die Lagerhaltung, den Versand und die Zahlungsabwicklung bis hin zum Kundenservice. Dabei beschränken sich die Produkte, die design und verkauft werden können, nicht mehr nur auf T-Shirts. Von Polo- und Longarmshirts, Pullover, Jacken über Accessoires wie Taschen, Rücksäcke, Caps und Schals bis hin zu Handyhüllen kann jeder Kunde auf der Website www.spreadshirt.de nicht nur kaufen, sondern auch individuell designen und verkaufen. Damit ermöglicht Spreadshirt jedem Einzelnen, nicht nur Designer, sondern auch Anbieter seiner Kreationen im World Wide Web zu sein, und schafft damit einen Wert für jeden einzelnen Kunden.

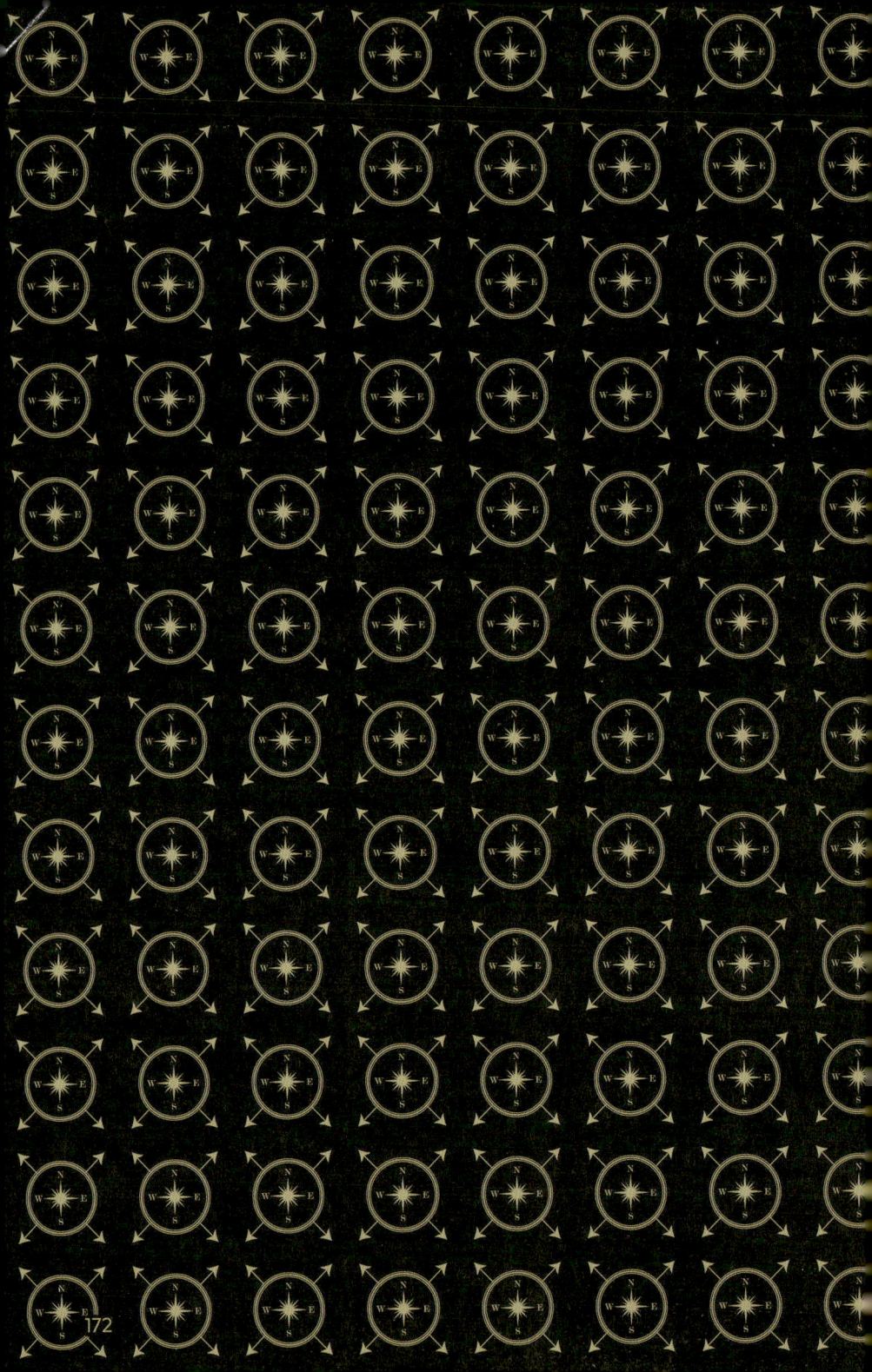

IV

BEST PRACTICES: WAS SIE VON MARKEN AUF IHREM WEG ZUR LOVE BRAND LERNEN KÖNNEN

Nun geht es direkt in die Praxis. Anhand einiger Best Practice Cases erfahren Sie hier, wie Unternehmen das Love-Brand-Konzept erfolgreich in die Praxis umgesetzt haben. Dazu habe ich variationsreiche Beispiele aus den verschiedensten Branchen ausgewählt. Nicht zuletzt um zu zeigen, dass das Konzept für jeden umsetzbar ist. Mit Marketing 4.0, der Social Selling Proposition (SSP) und dem Communiting schafft es jede Marke, erfolgreicher zu werden als bisher. Die Cases sollen Sie dazu inspirieren, in Aktion zu treten, damit Kunden Ihre Marken nicht nur noch mehr lieben als bisher, sondern auch Markenbotschafter Ihrer Love Brand werden.

Markenliebe
über Generationen –

Love Brands
im B2C-Bereich

Die folgenden Best Practice Cases sind Paradebeispiele für die erfolgreiche Entwicklung von Love Brands. Hier präsentiere ich Ihnen starke und begehrenswerte Marken, die nicht nur die Herzen der Kunden generationsübergreifend erobert haben, sondern von den Kunden auch in Communitys erlebt und gelebt werden. Marken, die es geschafft haben, ihre Kunden zu Markenbotschaftern zu entwickeln und damit profitables Umsatzwachstum zu erwirtschaften.

Eine Love Brand aus Schokolade: Wie kinder Riegel auch die Herzen der Erwachsenen erobert

Wer den augenzwinkernden Speed-Dating-Spot von Milky und Schoki am 20. August 2008 gesehen hat, hätte sicherlich nicht vermutet, dass dies der Beginn einer dauerhaften Lovestory mit über zwei Millionen Fans auf Facebook werden würde und einzelne Spots des verliebten Pärchens auf YouTube mit weit über einer Million Aufrufen geteilt würden. „Wer hat meinen letzten kinder Riegel genommen?" – Dieser Satz klingt mir im Ohr, als wäre es erst gestern gewesen. Mein kleiner Bruder William beschwert sich, dass eines seiner großen Geschwister ihm „seinen" letzten kinder Riegel weggenascht hat. Was der kleine William damals jedoch nicht wusste, ist, dass auch große Kinder kinder Riegel lieben. Und da diese Liebe niemals enden wird, dürfen wir – zumindest in Bezug auf kinder Riegel – auch immer Kinder bleiben.

Mit dem kinder Riegel holen sich Erwachsene ein Stück Kindheit zurück. Schließlich ist er der große Bruder der kinder Schokolade, mit der viele von uns aufgewachsen sind. Wer kennt ihn nicht, den strahlenden Jungen, der seit 1973 von jeder Tafel kinder Schokolade lächelt? Für den kinder Riegel entwickelte Ferrero eine geniale Idee: So wie Milch und Schokolade für den kinder Riegel ein Dreamteam sind, so perfekt passen auch Verliebte zusammen. Und darauf basiert die liebevolle Geschichte von Milky und Schoki.

Die emotional inszenierte Geschichte vom Traumpaar Milky und Schoki erobert die Herzen der Fans – und den Markt der Riegel gleich mit.

Eine Geschichte, die aus dem Produkt heraus geboren wurde, somit authentisch wirkt und ein Thema besetzt, das alle beschäftigt – denn wer sucht nicht den perfekten Partner, die Liebe fürs Leben? Bei Milky, dem adretten Glas Milch mit langen Wimpern, und Schoki, dem smarten Schokoriegel, finden wir sie: Die beiden begegnen sich beim Speed-Dating, erkennen ihre Leidenschaft füreinander und verlieben sich unsterblich.

In den folgenden Spots dürfen wir an ihrem Leben teilhaben: Milky und Schoki bewohnen mittlerweile eine Reihenhauswohnung, verlassen morgens gemeinsam das Haus, verbringen ihren Tag im Park, lesen zusammen, fahren Bus und er singt für sie. Das perfekte Liebespaar. Liebenswürdige Details wie das mit Herzchen versehene Bett der beiden Verliebten, bei der die Seite von Milky aufgrund ihres „glasförmigen" Körpers eine entsprechende Ausbuchtung zeigt, begleiten uns dabei. Wir leiden mit Milky und Schoki, wenn sie getrennt sind, und freuen uns mit ihnen, wenn sie sich wiedersehen. Und wir dürfen auch mit Milky und Schoki gemeinsam auf ihrem Sofa sitzen und in Form eines Fotoalbums mit ihnen ihr Leben Revue passieren lassen und erfahren, dass nicht erst beim Speed-Dating, sondern bereits im Sandkasten alles begann. Dies ist eine Geschichte voller Emotionen, die mit Leidenschaft geschrieben und inszeniert wurde.

Der erste Spot mit dem ersten Date von Milky und Schoki am 20. August 2008

Die Geschichte, die die Fans schon seit über sechs Jahren in ihren Bann zieht, wird stets in einer 360-Grad-Kommunikation von TV über Online und Out of Home bis hin zum Point of Sale inszeniert – vorwiegend im entsprechenden Liebeskontext. So streuten Milky und Schoki Blumen neben dem Hochzeitskuss des englischen Prinzenpaares Kate und William und ließen Herzchenballons aufsteigen. Begleitende Marktforschungsstudien bestätigten den Erfolg dieser Kampagne auf allen Ebenen. So konnten bereits ein Jahr nach dem Start der Kampagne zehn Prozent Absatzwachstum und eine signifikant höhere Penetration bei den jungen Erwachsenen (zwischen 18 und 29 Jahren) verzeichnet werden. Am ersten Tag auf Facebook, im März 2010, wurden auf einen Schlag 30.000 Fans generiert. Heute sind es bereits über zwei Millionen Fans, eine Zahl, die in der Branche ungewöhnlich ist und mit der Ferrero zu den Größten zählt. Lange Zeit war die kinder-Riegel-Community die größte, derzeit ist sie die zweitgrößte Community in der FMCG-Branche, also unter den „schnelldrehenden Produkten". Aber nicht nur das: Gerade die hohe Aktivität in Bezug auf Likes, Posts etc. zeichnet die Community aus.

Höchstwerte bei der Beteiligung: Die Aktionen, die Ferrero anbietet, sind für viele Community-Mitglieder sinnstiftend.

Die Mitglieder der kinder-Riegel-Community werden immer wieder – gerade auch auf Facebook – in Aktionen mit einbezogen, zum Beispiel über Promotions, Votings und Gewinnspiele. Ferrero hat erkannt, dass es wichtig ist, die Kunden zu involvieren, sie mitentscheiden zu lassen und ihnen damit Sinn zu stiften. Während in der Branche Beteiligungen an derartigen Aktionen von drei bis fünf Prozent üblich sind, schafft es Ferrero auf Beteiligungen im deutlich zweistelligen Bereich, wie beispielsweise bei der kinder-Riegel-Tassenaktion. Hier hatten die Fans die Möglichkeit zu entscheiden, welche kinder-Riegel-Tasse produziert werden sollte; drei Motive standen zur Auswahl. Danach konnten die Fans die Tasse mit dem ausgewählten Motiv im Rahmen einer Onpackpromotion über einen Aktionscode beziehen. Auch wenn derartige Aktionen hohe Investitionen mit sich bringen, so beträgt der gegenüberstehende Media-Wert ein Vielfaches: Die Beteiligung an der Aktion war überdurchschnittlich hoch. Außerdem ist die Marke über die kinder-Riegel-Tasse nun in über 200.000 deutschen Haushalten präsent.

Mit Co-Creation in der kinder-Riegel-Community zum eigenen Käfer und zur verrücktesten Valentinstagstour

Hohes Involvement zeigten die Fans auch, als sie sich daran beteiligen durften, einen alten Schrott-Käfer „aufzupimpen". Egal ob Scheinwerfer oder Verdeck – die Mitglieder der kinder-Riegel-Community hatten nicht nur die Möglichkeit, Ausstattungsdetails mitzuentscheiden, sondern konnten darüber hinaus auch die Arbeiten in der Werkstatt über kleine Videos miterleben. Als Schoki dann nach Fertigstellung den kinder-Riegel-Käfer aus der Werkstatt fuhr und seine Milky zur ersten Tour abholte, waren alle ganz stolz. Ganz besonders stolz war jedoch der Kunde, der den Käfer in der darauf folgenden Gewinnspielaktion, die ebenfalls extrem hohe Responsequoten zu verzeichnen hatte, gewann.

Das Thema Liebe wird in den breit angelegten Aktionen nahezu immer berücksichtigt. So auch bei den die Milky-und-Schoki-Grundkampagne ergänzenden Highlight-Aktionen, für die Weihnachten und der Valentinstag prädestinierte Anlässe sind. Zum Valentinstag wurden die Fans aufgefordert mit kinder Riegel den verrücktesten Valentinstag zu feiern und diesen Tag für Milky und Schoki mitzugestalten. Zehn Tage vor dem Valentinstag begann die Aktion: Jeden Tag konnten die User aus einer von drei Optionen wählen, was die beiden Verliebten machen sollten: angefangen bei der Wahl des Reiseziels (Las Vegas, Wüste ...) über die Übernachtung (Hotel, ...) bis hin zum Fortbewegungsmittel (Hubschrauber, Bike ...). Nach zehn Tagen stand die wohl verrückteste Valentinstagstour, die unter den Teilnehmern zur Belohnung verlost wurde.

kinder Riegel schafft in seiner Community hohes Involvement und Identifikation mit der Marke.

Milky und Schoki besuchten selbstverständlich auch die Fußball-WM 2014 und begleiteten die Kunden im WM-Fieber überall, off- und online. Auf dem Oktoberfest durften Milky und Schoki 2014 ebenfalls nicht fehlen. Hier standen Karussellfahren, Rote-Herzchen-Ballons und Hau-den-Lukas auf dem Programm. Schoki schien der einzige Kerl zu sein, der sich freut, wenn er beim Hau-den-Lukas nur „Milchbubi" schafft! Augenzwinkernd und liebevoll, das zeichnet jede einzelne Geschichte aus.

Im Rahmen der Oktoberfest-Aktion luden Milky und Schoki ihre Fans ein, das Gewinnrad zu drehen. Tatsächlich wurde das Rad von den Fans knapp drei Millionen Mal gedreht! Angelockt wurden sie von wechselnden Sofortgewinnen. Durch die häufige und deutlich überdurchschnittlich lange Verweildauer auf der Webseite konnte diese Aktion damit einen gigantischen zusätzlichen Mediawert generieren.

Das hohe Involvement zeigt sich aber nicht nur in der großen Interaktionsbereitschaft der Kunden bei bestimmten, von Ferrero initiierten Aktionen. Auch das proaktive Posten von Erlebnissen, Aktionen oder auch Liebesbekenntnissen zum kinder Riegel durch die Fans belegen das Commitment zu der Marke: angefangen bei Fotos mit dem kinder Riegel selbst – zum Teil in der XXL-Variante oder inszeniert mit den kinder-Riegel-Merchandising-Artikeln – bis hin zu selbstgebackene kinder-Riegel-Kuchen (wozu es sogar auf YouTube Anleitungen gibt). Die Identifikation mit der Marke wird noch einmal mehr deutlich, wenn man sich die zahlreichen Fotos ansieht, auf denen die Fans mit selbstgebastelten Kostümen als Milky und Schoki verkleidet sind. Beim Anblick der Milky-und-Schoki-Kostüme auf dem Kölner Karneval 2014 waren die Kölner Express-Leser hin und weg.

Sie voteten die Kostüme auf einen der ersten beiden Plätze beim Express-Kostümwettbewerb, bei dem das Bild mit den beiden Jecken Milky und Schoki und damit die Marke kinder Riegel wiederum medial präsent waren. Und wenn sich dann noch Fans das Logo von kinder Riegel oder gar den Riegel selbst eintätowieren lassen (so wie beispielsweise das Logo von Harley-Davidson von vielen Fans als Tätowierung getragen wird), zeigt sich einmal mehr, dass auch die Liebe zur Marke kinder Riegel unter die Haut geht.

kinder Riegel: Der Aufstieg zur Nummer 1 im Riegelsegment und bei jungen Erwachsenen

Dass es sich auszahlt, mit einer authentischen Geschichte, die auf Leidenschaft und Emotionen basiert, die Herzen der Kunden zu erobern und diese über das Communiting zum Botschafter der Marke werden zu lassen, belegen eindrucksvolle Zahlen:

- *Steigerung des Umsatzes von kinder Riegel seit dem ersten Date von Milky und Schoki im August 2008 um 77 Prozent*
- *Ausbau des Marktanteils im Riegelsegment von sieben Prozent auf 11,3 Prozent zur Nummer 1 im Riegelsegment[99]*
- *An erster Stelle steht kinder Riegel mittlerweile auch bei den jungen Erwachsenen (sowohl vom Volumen her als auch vom Wert)*
- *Ausbau der Markenpenetration um 27 Prozent*
- *Zweimalige Wahl zur „Top Marke" des Jahres durch die Lebensmittelzeitung*
- *Auszeichnung als „Beliebtester Schokoriegel" mit dem „Young Brand Award"*

Damit zählt kinder Riegel zu den erfolgreichsten Marken aus dem Hause Ferrero, wobei grundsätzlich alle Ferrero-Marken wie nutella, duplo, hanuta und sämtliche Produkte aus dem Kinder-Sortiment (kinder Überraschungsei, kinder Schokolade, Schoko-Bons etc.) bei den Kunden sehr beliebt sind.

Ferrero schafft Werte, um Werte zu teilen.

Das Familienunternehmen aus Italien hat es geschafft, seine Produkte auf dem deutschen Markt als Love Brands zu positionieren. Für Ferrero ist es ein zentrales Anliegen, sowohl über die Produkte selbst als auch über die Ferrero-Stiftung, seine sozialen Unternehmen in Indien, Südafrika und Kamerun sowie das Programm „kinder Sport" unternehmerische und soziale Verantwortung zu übernehmen. Der diesjährige Bericht zur sozialen Verantwortung und Nachhaltigkeit, der mit dem höchstmöglichen GRI-Level A+ bewertet wurde[100], wurde unter dem treffenden Titel „Werte teilen, um Wert zu schaffen" veröffentlicht.

Vom traditionellen Versandhändler zum modernen Online-Händler – Der Weg von Otto zu einer Love Brand

98 Prozent der Kernzielgruppe Frauen kennen die Marke Otto.[101] Kennen heißt allerdings nicht, dass sie auch alle bei Otto kaufen. Die Herausforderung, vor der Otto heute steht, besteht vor allem darin, neue Zielgruppen zu erreichen, und zwar besonders die jüngere Generation wie Teenager und junge Pärchen, ohne die „alten" Traditionskunden, die über die Jahre mitgewachsen sind und die Marke Otto lieben, zu verlieren. Die typische Stammklientel schätzt die breite Produktpalette von Technik über Einrichtung bis Mode, doch die jüngere Generation hat die Marke einfach nicht „auf dem Schirm". Zu angestaubt ist das Image, zu allgegenwärtig ist die Vorstellung vom Katalog auf Omas Couchtisch.

Radikale Markenmodernisierung mit einer mutigen Kampagne

So schlug Otto einen für das Unternehmen neuen Kommunikationsweg ein:[102] Statt knapper Produktbotschaften wurden Geschichten inszeniert, die am Ende unerwartete Fragen aufwerfen. Um als klassischer Versandhändler nicht wie Quelle oder Neckermann den Anschluss zu verlieren, startete Otto 2013 eine Offensive mit dem Motto „Alle Kraft auf otto.de!" Das heißt: runter vom Couchtisch der älteren Zielgruppen, rein in die Lesezeichenleiste der Tablets und Computer junger Online-Shopperinnen. Eine radikale Modernisierung der Marke war gefordert. Um weiter zu den Großen der Retail-Branche zu gehören, musste Otto mit einem frischen, zeitgemäßen Markenimage wieder ins „Hier und Jetzt" geholt werden. Denn nur so war es für Otto möglich, moderne, online-affine Frauen (zwischen 25 und 55 Jahren) für sich zu gewinnen, die sich bislang eher von Sprüchen wie „Schrei vor Glück" beim Shoppen angesprochen fühlten.

Die auf emotionalem Storytelling basierende Offensive

Dabei setzte Otto auf das, was viele Frauenherzen höher schlagen lässt: Fashion – der stärkste emotionale Hebel, um an Relevanz zu gewinnen und sich in den Köpfen der Zielgruppe langfristig zu verankern. Doch eine attraktive Fashion-Marke wird man nicht einfach so. Otto wusste: Nur wenn sie als Unternehmen tiefes Verständnis für Frauen und ihre Liebe zur Mode bewiesen, würde die Zielgruppe ihre Vorurteile gegenüber der Marke überwinden.

Wenn Frauen ein beeindruckendes Outfit an einer anderen ins Auge sticht, sind sie gebannt und stellen sich die Frage: „Wo hat sie das nur her?" Genau diesen Will-haben-Effekt machte sich Otto in seinem Kommunikationskonzept zunutze. Ein einziges Kleidungsstück wurde so attraktiv und begehrenswert in Szene gesetzt, wie es die jungen Fashionistas nur von High-Fashion Brands erwarten würden. Aber das war noch nicht alles: Mit jedem Kleidungsstück konkurrierte in der Fashion-Kampagne auch eine bizarre, außergewöhnliche Situation um die Aufmerksamkeit der Betrachterinnen. Doch die von dem Kleidungsstück faszinierten Frauen ließen sich weder von einem niedlichen Küken, einem Kaktus oder einem Mann mit Froschzunge ablenken. Sie fragten sich nur eines: „Wo hat sie das nur her?"

Die überraschende Antwort: „Gefunden auf otto.de." Weit mehr als ein Kampagnen-Claim, sondern ein klares Statement und eine fundamentale strategische Entscheidung: Otto.de übernahm die Rolle des Absenders. Das war nicht nur ein deutliches Bekenntnis zu den Pionierwurzeln der Marke im Bereich Online-Shopping, das war auch eine unmissverständliche Ansage an die Wettbewerber: Was Frauen an Mode und Lifestyle suchen, das finden sie nur bei einem Anbieter – otto.de!

Otto war 2013 in den Medien so präsent wie noch nie. „Gefunden auf otto.de" lief pünktlich zu den Fashion-Seasons in den Frühjahrs- und Herbst-Flights. Dabei wurde die Kampagnenidee in allen Kanälen stets in gleicher Manier umgesetzt: Ein besonderer Hero-Artikel von otto.de wurde immer in einer merkwürdigen, absurden Situation inszeniert.

Besondere Hero-Artikel von otto.de werden in einer merkwürdigen, absurden Situation inszeniert

TV bildete das Herzstück der Kampagne und führte zu einer schnellen Bekanntmachung und stärkeren Emotionalisierung in der breiten Zielgruppe. Ausgestrahlt wurden die 30-sekündigen Spots zur Primetime auf reichweitenstarken Sendern wie RTL, Sat.1, ProSieben und Vox. Zeitgleich lief die Kampagne in Print, in der Out-of-Home-Werbung und online. Die zusätzliche Verknüpfung mit fashion-affinen Formaten und Titeln verstärkte die Fashion-Kompetenz. Die Kampagne wurde unter anderem bei „Germany's Next Topmodel" platziert und in Fashion- und Lifestyle-Magazinen wie Brigitte, Freundin, Nido, Blonde und Elle geschaltet. Online und mobile Formate wurden zur Vertiefung der Zusatzkontakte mit der Marke genutzt. Zusätzliche Virals sorgten für die Aktivierung und Involvierung der Zielgruppe in den sozialen Medien.

Gesteigertes Involvement der Community-Zielgruppe

Die Kampagne „Gefunden auf otto.de" führte direkt zu einem höheren Involvement der Otto-Community. So waren nicht nur deutlich höhere Beitragsaufkommen auf sozialen Medien zu verzeichnen, sondern auch der Claim wurde und wird als Meme (Abkürzung für Mimeme = Kopie oder Imitation) von privaten Nutzern in verschiedensten Kontexten immer wieder verwendet – und das mit steigender Tendenz. Aus dem Claim „Wo hat sie das nur her?" abgeleitete Wortspiele werden, vor allem wenn sie lustig sind, auf Twitter gerne und schnell weiterverbreitet – ebenso auf Facebook. So z.B. ein Beitrag zum Eurovision Song Contest: „Und alle fragen sich: Wo hat Frankreich seinen Punkt her? Gefunden auf otto.de #esc." Das Involvement reicht bis hin zu selbstgedrehten Videos, die auf YouTube gestellt wurden und natürlich mit dem Claim „Gefunden auf otto.de" enden.

Zwei Jahre und drei bedeutende Marketingpreise später – darunter den Effizienz-Award Effie und den ADC-Nagel in Silber sowie „Die Klappe" in Gold – zeigen repräsentative Marktforschungsdaten, was sich seit dem Start der Fashion-Kampagne im Frühjahr 2013 verändert hat:

· *Werbeerinnerung stark gestiegen: Durch die neue Art der Kommunikation, die auch ab und zu polarisiert, konnte die Werbeerinnerung für die Otto-Kampagnen stark gesteigert werden. Zwischen 2012 und 2015 hat sie sich mehr als verdoppelt – von 23 Prozent auf 48 Prozent.*

· *Werbung gefällt besser: Es konnten mehr echte „Fans" gewonnen werden. Die Top 2 Boxes (10er Skala) haben sich mehr als verdoppelt: von acht Prozent (2012) auf 18 Prozent (2015).*

· *Claim „Gefunden auf otto.de": Obwohl erst seit 2013 im Einsatz, ist der einprägsame Claim bereits einem Viertel der deutschen Bevölkerung bekannt (26 Prozent) und wird in sozialen Medien zitiert.*

· *Kampagne weckt Interesse für otto.de: Das Interesse für otto.de konnte ebenfalls verdoppelt werden. Nicht nur acht Prozent (Jan 2013), sondern 16 Prozent (2015) der Bevölkerung fühlen sich nun motiviert, einmal bei otto.de vorbeizuschauen.*

· *Visits otto.de: Im Schnitt waren direkt nach den Spots tatsächlich 33 Prozent (FS 15) mehr Visits auf otto.de zu verzeichnen.*

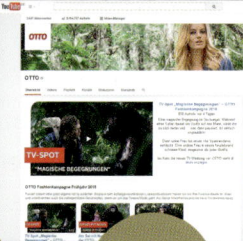

SOCIAL MEDIA

YOUTUBE BRAND-CHANNEL

OTTO.DE

ONLINE-/MOBIL-BRANDING

360-GRAD MULTIMEDIA-KONZEPT

Frauen haben eine ganz eigene Art zu erzählen. Im Zentrum steht dann meist ... na, was wohl? Fashion!

KATALOGE

TV

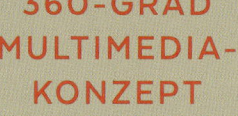

MITARBEITER KOMMUNI-KATION

PRINT-ANZEIGEN

PR

Seit Beginn der neuen Kampagnenkommunikation, die in einem 360-Grad-Ansatz vernetzt über alle Touchpoints und Kanäle umgesetzt wird (vgl. Abbildung links), hat Otto das über 60 Jahre aufgebaute Image modernisiert: weg vom Image des traditionellen, konservativen Versandhändlers hin zu einem modernen Online-Händler.

Mit „Gefunden auf otto.de" wurde eine Plattform kreiert, die die Marke auf einen Schlag mit einem relevanten Angebot in die erste Reihe der Online-shopping-Marken katapultierte. Sie profitierte dabei von Digital- und Fashion-Kompetenz. Zwei entscheidende Faktoren, um langfristig junge Kundinnen zu halten. Was dabei mit Fashion als emotionalem Hebel gelungen ist, lässt sich dank des universellen Anspruchs der Plattform auch auf andere wichtige Shoppingbereiche und -anlässe übertragen – aktuell z.B. auf das Jubiläum „20 Jahre otto.de"

20 Jahre otto.de – Die Geburtstagsparty steigt

Im Jubiläumsjahr 2015 hat sich Otto für „20 Jahre otto.de" eine Vielzahl an Überraschungen einfallen lassen. So hat otto.de bereits im Juni die Geburtstagsparty für seine Kunden steigen lassen. Gefeiert wird auch noch die gesamte Laufzeit der Herbst-/Winter-Saison 2015/2016 unter www.otto.de/20jahre: Hier werden bis zum Jahresende sukzessive attraktive Jubiläumsangebote, Vorteile, Unterhaltung, Aktionen und Gewinnspiele gebündelt.

Auch in Newslettern, Social-Media-Kanälen und Katalogen lädt Otto seine Kunden während der gesamten Party-Monate immer wieder zum Mitfeiern ein. Als verbindendes Element dienen ein Jubiläums-Icon und ein dazu passend kreiertes „Iconofetti", das online wie offline gestreut wird. Mit der Kampagne „Gute Gründe ... gefunden auf otto.de" liefert das Unternehmen seinen Kunden immer wieder kreative und augenzwinkernde Argumente für die Shopping-Tour auf otto.de – und ruft seine Community dazu auf, eigene zu erfinden. Unter dem Hashtag *#GuterGrund* fließen sie ab September in einem eigens zum Geburtstag angelegten Social Hub zusammen.

Offline und online hoch im Kurs: die Otto-Community

Otto hat in der Vergangenheit mit einer Vielzahl von Aktionen seine Community sowohl offline als auch online aktiviert und über das Communiting eine einzigartige Fangemeinschaft geschaffen. So wurden offline über Otto eine Vielzahl von Bekanntschaften und Freundschaften geknüpft – gerade auch bei den Sammelbestellern. Daraus ist eine Art „Otto-Familie" entstanden. Sei es regional oder überregional, sei es von den Sammelbestellern selbst initiiert oder über den Otto-Konzern, die Verbindung untereinander ist so einzigartig wie deren Austausch.

Was diese einzigartige Otto-Familie ausmacht, kann man wahrscheinlich nur nachvollziehen, wenn man selbst einmal dabei war oder entsprechende Filme dazu gesehen hat. So viele herzliche Umarmungen, so viele lachende Gesichter, so viele emotionale Momente – die gibt es nur in einer familiären Community. Und die Familienmitglieder sind stolz darauf, zu dieser Gemeinschaft zu gehören, eine Gemeinschaft, in der Respekt und Wertschätzung ganz groß geschrieben werden. Die Mitglieder strengen sich für ihre Marke Otto an, sie sind gern ihre Markenbotschafter.

Offline erreicht Otto aber nicht nur die Traditionskunden, sondern auch die neuen Otto-Kunden, die sie beispielsweise seit 2008 über das Hamburger Barcamp ins Haus holt. Mehr als 400 Internetfans folgten der Einladung, sich vor Ort bei Otto zu treffen, real zu vernetzen und Online-trends auszutauschen. Aufgrund der überwältigenden Resonanz auf das Kick-off folgte 2009 die nächste Runde zu den Themen E-Commerce und Mobile Commerce, 2010 ging es um den Schwerpunkt Fashion, 2011 um Social Media und 2012 um digitale Trends und Innovationen. Zuletzt lag der Schwerpunkt auf dem für Barcamps charakteristischen breiten Themenspektrum: digitale Kommunikation, Programmierung, Hacking, Mobile oder Start-ups. Insgesamt also für die Teilnehmer des Barcamps ein idealer Mix, um sich weiterzubilden oder über den eigenen Tellerrand zu schauen. Otto wiederum gewinnt aus dem Austausch mit den Digital Natives wertvolle Anregungen und Ideen für seine Online-Aktivitäten – und nicht selten neue Mitarbeiterinnen und Mitarbeiter. Geben und nehmen ist hier das Motto, das die Otto-Community mit hoher Motivation lebt und erlebt.

Online inspiriert Otto seine Zielgruppe durch attraktiven Content in den sozialen Medien: alle zwei Wochen ein neues Video der Web-TV-Sendung Stylediaries mit Zielgruppenliebling Bonnie Strange (65.800 Twitter-Follower, 350.000 Follower auf Facebook, 350.000 Abonnenten) auf YouTube ergänzt durch themen- und anlassspezifische Beiträge von beliebten und reichweitenstarke Bloggern und Vloggern, z.B. CatyCake (365.000 YouTube-Abonnenten) und FunnyPilgrim (270.000 YouTube-Abonnenten). Insgesamt hat Otto über 650.000 Facebook-Fans und jährlich über 2,6 Millionen Videoaufrufe auf YouTube. Zudem tauscht sich die Community auf Unternehmens-Blogs wie Two For Fashion, Roombeez, re:blog, Soulfully zu unterschiedlichen Themen sehr rege aus.

Bei Ottos Nachhaltigkeits-Blog re:blog beispielsweise nimmt die Community an der Erstellung eines Lexikons des nachhaltigen Wissens aktiv teil (www.otto.de/reblog/rexikon/). Für jeden neuen Beitrag, den die Teilnehmer schreiben und der veröffentlicht wird, finanziert Otto das Pflanzen eines Baumes. Dass das Thema Nachhaltigkeit bei der Zielgruppe sehr gut ankommt, zeigt die insgesamt rege Beteiligung an diesem Nachhaltigkeits-Blog „re:BLOG", der mit dem Best of Corporate Publishing Award 2015 in Gold ausgezeichnet wurde.

Werte und Leidenschaft als Erfolgsmotor

Bei der Aktion „Platz schaffen mit Herz" zeigt die Community ebenfalls ein hohes Engagement. Hierbei ruft das Unternehmen zur Kleiderspende sowohl auf der für die Aktion eigens gelaunchten Website www.platzschaffenmitherz.de als auch auf seinen anderen Social-Media-Kanälen auf. Über das gesamte Jahr können die Kunden aussortierte Textilien und Schuhe portofrei an Otto senden. Das Unternehmen macht dann aus der Kleiderspende eine Wertspende, die dort ankommt, wo sie gebraucht wird.

Platz schaffen mit Herz – die OTTO Kleiderspende

Platz schaffen mit

Einpacken, abschicken, Gutes tun:

Zu viel im Schrank? Schaffen Sie Platz mit der OTTO Kleiderspende

Jetzt kostenlos mitmachen – so einfach geht's ›

Aktion „Platz schaffen mit Herz"

Vom Hemd über Schuhe bis zur Gardine und anderen Heimtextilien: Mit allem unterstützen die Kunden und das Unternehmen soziale und ökologische Institutionen und Projekte. So z.B. die Initiative „Cotton made in Africa", die von der 2005 von Dr. Michael Otto gegründeten „Aid by Trade Foundation" ins Leben gerufen wurde. „Cotton made in Africa" hat zum Ziel, die Lebensbedingungen afrikanischer Kleinbauern dauerhaft zu verbessern.

Das Mitwirken bei der Initiative „Cotton made in Africa" ist nur eines von vielen Beispielen für das hohe Maß an Verantwortung, das die Unternehmerpersönlichkeit Dr. Michael Otto für das gesellschaftliche Umfeld übernimmt. So engagiert er sich auch in vielen anderen sozialen Projekten und Stiftungen wie beispielsweise der Förderung von jungen Talenten und Berufseinsteigern. International macht sich das Unternehmen zum Beispiel gegen Kinderarbeit in Indien stark.

Dass Otto unternehmerische Verantwortung übernimmt, zeigt sich auch in dem hohen Maß an Mitarbeiterorientierung. Dazu zählt u.a., dass der Förderung der Gesundheit der Mitarbeiter eine große Bedeutung zukommt. Regelmäßig werden die Mitarbeiter bezüglich ihrer Gesundheit und ihres Wohlbefindens befragt. Auf Basis der Ergebnisse werden zielgenau Maßnahmen zur Gesundheitsförderung umgesetzt. Wer einen Ausgleich zu seiner Arbeit sucht, kann zwischen 33 verschiedenen Sportarten wählen. Oder er geht in die über 900 qm² große Fitness Lounge, die Otto in Kooperation mit der Techniker Krankenkasse betreibt. Mit seiner systematischen Vorgehensweise und den umfangreichen Sportangeboten gilt Otto in Deutschland als Vorreiter in Sachen Gesundheitsförderung.

Die DNA der Marke Otto ist geprägt von Nachhaltigkeit, Vertrauen, Persönlichkeit, einem Familienunternehmen mit Präsenz des Inhabers, der dem Unternehmen dezent im Hintergrund agierend ein authentisches und vertrauensvolles Gesicht verleiht. Herrn Otto kann man im Gegensatz zu seinen „jüngeren" Wettbewerbern kontaktieren und jeder Kontakt wird auch stets beantwortet. Herrn Amazon oder Herrn Google zu erreichen wird wohl eher schwierig sein …

Zu erreichen ist Michael Otto auch für die derzeit rund 4.350 Mitarbeiter der Otto-Einzelgesellschaft. Diese vereint eine gemeinschaftlich entwickelte und klar formulierte Vision: Sie wollen Otto zum besten und persönlichsten Anbieter im digitalen Handel machen – mit gelebter Kundennähe, innovativer Technologie und Leidenschaft.

Egal mit welchem „Ottonen" man spricht – ob mit dem Unternehmer selbst, einem der Vorstände oder Führungskräfte, Produktmanager bis hin zu den Trainees –, die Leidenschaft für die Marke Otto, für das Unternehmen in all seinen Facetten ist spürbar. Dokumentiert wird sie in zahlreichen Erfahrungsberichten, die auch im World Wide Web zu finden sind.

Otto – ein von Innovationen getriebenes Unternehmen

Innovativ, mutig und dem Wettbewerb einen Schritt voraus – damit schafft es der traditionsreiche Händler, dessen Versandhandel mit einem handgebundenen Katalog in einer Auflage von 300 Stück und einem Umfang von 14 Seiten vor 65 Jahren startete, zum größten deutschen Onlineshop für Fashion und Lifestyle im B2C-Bereich. Jahrelang erwirtschaftete Otto, dessen Claim „Otto … find' ich gut" wohl jeder kennt, über das Kataloggeschäft 100 Prozent der Umsätze – vor allem mit dem heute zweimal jährlich erscheinenden, ca. 1.000 Seiten starken Hauptkatalog in einer Auflage von ca. vier Millionen. Doch Otto erkannte frühzeitig die Chancen des Internets und stellte die Weichen Richtung Online. Bereits 2001 wurde Michael Otto, unter dessen Regie Otto weltweit zur Nummer 1 im E-Business aufstieg, zum E-Business-Unternehmer des Jahres gewählt. Heute erzielt Otto über 85 Prozent seines Umsatzes online. Damit einhergehend wächst die Bedeutung des Social-Media-Bereichs kontinuierlich.

Zahlreiche Auszeichnungen bestätigen den Erfolg des Unternehmens. So wurde beispielsweise 2015 der Shop mit dem Deutschen Online-Handels-Award und Otto 2014 als innovativstes Großunternehmen ausgezeichnet. Als führender Online-Händler vermeldet Otto im fünften Jahr in Folge ein profitables Wachstum auf 2,335 Milliarden Euro Umsatz (Geschäftsjahr 2014/2015). Unternehmerische Weitsicht und der Mut, neue Technologien frühzeitig zu testen und im Sinne der Kunden nutzbar zu machen, haben sich ausgezahlt:

- *Otto ist der größte deutsche Onlinehändler für Fashion und Lifestyle (B2C).*
- *Otto ist deutscher Marktführer im Onlinehandel mit Möbeln.*
- *Fast jede zweite online bestellte Waschmaschine kommt heute von Otto.*
- *Otto.de erreicht heute rund eine Million Visits am Tag.*
- *Kunden können aus über 2,1 Millionen Artikelpositionen wählen.*
- *Über 5,5 Millionen Kunden tätigen jährlich über 20 Millionen Bestellungen.*
- *Mehr als ein Drittel der Besucher ruft otto.de über ein Smartphone oder Tablet auf.*

Otto hat die klassischen Wettbewerber alle überlebt, weil das Unternehmen mutig genug war, frühzeitig als Online-Pionier die Weichen in die damals neue Internet-Welt zu stellen. Die heutigen, reinen Online-Wettbewerber wie Amazon, Ebay und Zalando sind alle „jünger" als otto.de und können noch auf keinen so langjährigen Markterfolg zurückblicken. So hat das Unternehmen allen Grund, das Jubiläumsjahr gemeinsam mit der Otto-Community ausgiebig zu feiern.

Faszination Porsche – Ein Traum, der von den Porsche-Fans nicht nur *er*lebt, sondern auch *ge*lebt wird

Was genau steckt hinter der Faszination Porsche? Ist es der unglaubliche Pioniergeist des Unternehmens, der immer wieder Meilensteine setzt? Ist es die Verbindung von einzigartigem Design und innovativer Technik? Oder ist es die außerordentliche Performance und die Leidenschaft für Perfektion? Die Antwort: Porsche vereint alles. „Die Geschichte beginnt mit einer großen Idee … und sie erzählt davon, wie diese Idee Wirklichkeit wurde." Ferry Porsche tat das, was einen echten Visionär und Unternehmer ausmacht: Er hatte eine großartige Idee und realisierte sie:

„Am Anfang schaute ich mich um, konnte aber den Wagen, von dem ich träumte, nicht finden. Also beschloss ich, ihn mir selbst zu bauen."
Ferry Porsche

Und genau das ist es, was die Mitarbeiter von Porsche tagtäglich zu einer großartigen Performance motiviert: „Sein Traum vom perfekten Sportwagen treibt uns an – schon immer. Und wir kommen ihm täglich ein Stück näher. Mit jeder Idee. Mit jeder Entwicklung. Mit jedem Modell. Dabei folgen wir einem Plan, einem Ideal, das uns alle eint. Das Prinzip lautet: aus Möglichkeiten das Maximum herausholen. Denn seit Sekunde 1 geht es um die intelligente Art, Leistung in Geschwindigkeit – und Erfolg – umzusetzen. Nicht mit mehr PS, sondern mit mehr Ideen pro PS. Es kommt von der Rennstrecke und steckt in jedem unserer Fahrzeuge. Wir nennen es ‚Intelligent Performance'."[103] Dass dies nicht nur als Bekenntnis auf der Website von porsche.de steht, sondern auch von den Mitarbeitern wirklich gelebt wird, verdeutlicht das Expertengespräch mit dem Marketingleiter von Porsche Deutschland, Andreas Henke. Darin zeigt er auch auf, wie die Mitarbeiter von Porsche tagtäglich alles daran setzen, dass Kunden die Marke lieben.

Expertengespräch mit Andreas Henke, Leiter Marketing, Porsche Deutschland GmbH[104]

Andreas Henke, Jahrgang 1972, studierte Volkswirtschaftslehre, Politikwissenschaft und Sprachen an den Universitäten Tübingen und Bonn sowie in den USA. Nach seinem Abschluss als Diplom-Volkswirt startete er 1999 bei der Dr. Ing. h.c. F. Porsche AG als Spezialist Marketingplanung und -strategie. Nach mehreren Stationen im Unternehmen übernahm er zum 1. November 2010 die Leitung Marketing für Porsche Deutschland.

Im Folgenden spricht Andreas Henke über Design, Emotionen und einen geheimnisvollen roten Kussmund:

„Porsche steht vor allem für Design, Performance, Markensympathie und natürlich auch für echte, tiefgründige Emotion!

Aber nicht nur für die Kunden, sondern auch für die Mitarbeiter, die mit Leidenschaft tagtäglich für diese einzigartige Marke arbeiten. Ihnen – vor allem auch den Entwicklern – geht es immer darum: ‚Haben sie selbst Spaß daran, dieses Auto zu fahren?' Erst bei einer eindeutig positiven Antwort ist es ein echter Porsche.

Dabei müssen wir stets den Spagat zwischen scheinbaren Gegensätzen schaffen: zwischen Exklusivität und sozialer Akzeptanz, Tradition und Innovation, Sportlichkeit und Alltagstauglichkeit, Design und Funktionalität. Eine echte Herausforderung, der wir uns tagtäglich gern stellen. Genauso ist Porsche zum Inbegriff des Sportwagens geworden und wir arbeiten jeden Tag auf's Neue daran, dass er es auch bleiben wird.

Uns ist es wichtig, die Zukunft des Sportwagens zu sichern, weil damit die Zukunft von Porsche gesichert wird (und über eine Art „Leuchtturm-Funktion" auch die anderer Fahrzeugkategorien) und wir alle auch morgen noch von einem Sportwagen träumen dürfen … denn jeder Porsche ist ein Sportwagen zum Träumen. Mit dem 918 Spyder haben wir eine neue Benchmark gesetzt: knapp 900 PS bei drei Litern Kraftstoff auf 100 Kilometern … mehr geht auf absehbare Zeit nicht. Der Sportwagen der Zukunft ist damit heute schon Realität geworden.

Wie die Marke und die Modellvielfalt hat sich auch das Marketing verändert. In den frühen Neunzigern galt Porsche-Werbung als laut und „vollmundig" – für Fans noch gut im Sinne einer Bestätigung, für Außenstehende nicht nachvollziehbar und eher ausgrenzend. Zudem war der Auftritt des Unternehmens nicht einheitlich. Seit dem Relaunch Mitte der Neunziger arbeitet Porsche weltweit bereits mit integrierter Kommunikation, die Ruhe und Souveränität ausstrahlt, sympathisch ist und das oft zitierte Augenzwinkern beinhaltet. Für unsere Below-the-line-Maßnahmen sind wir bei Kunden und Interessenten bekannt, aber auch für markante Zeilen wie z.B. ‚96 Prozent aller Männer halten sich für gute Autofahrer. Nur wenige werden herausfinden, ob sie richtigliegen.' Und es macht große Freude, diese Leidenschaft in der Zielgruppe immer wieder neu zu entfachen!

Natürlich macht es mir persönlich nicht nur Freude, den Fahrspaß in den leuchtenden Augen der Kunden zu sehen, sondern ihn auch tagtäglich selbst zu erleben. Manchmal auch verrückte Dinge zu tun, wie mit einem Porsche 911 zum Campen zu fahren, in einem Cayenne in der Wüste zu übernachten (nach dem Motto ‚Du kannst in einem Porsche leben, du kannst aber nicht in einer Wohnung fahren') oder einen 918 Spyder im Drift über den frisch verschneiten Flüelapass zu treiben. Die erlebten Geschichten sind vielfältig und variantenreich, manche auch geheimnisvoll. So weiß ich heute immer noch nicht, wer mir eine Zeitlang immer wieder mal einen Kuss mit einem roten Lippenstift hinten links auf dem Heck meines weißen 911ers hinterlassen hat. Aber ich vermute, es muss Liebe gewesen sein – zum Auto."

Tatsächlich: Der rote Kuss auf dem Porsche drückt das aus, was die Porsche-Fans empfinden: die uneingeschränkte Liebe zu dieser einzigartigen Marke.

Porsche ist einzigartig. So einzigartig ist auch die Porsche Community.

Drei Ziffern, die jeder kennt. Ein Schriftzug, der für Tradition und Zukunft steht. Ein legendäres Sportwagenkonzept: der Porsche 911. Bis heute erzählt er viele Geschichten von heldenhaften Rennsiegen. Von einem ikonisch gewordenen Design. Und von einer zeitlosen Idee. Von unzähligen Kindheitsträumen ... und auch von unzähligen Männerträumen. Das Porsche-Museum, in dem die Fans mit auf die Zeitreise Porsche genommen werden, hat es zu „50 Jahre Porsche 911" auf den Punkt gebracht: „Wovon haben Männer eigentlich vor 1963 geträumt?"

Für manche bleibt es ein Traum, für manche geht der Traum in Erfüllung. Aber für alle bleibt es eine unglaubliche Faszination. Eine Faszination, die gelebt und auch weitergetragen wird, und das über Generationen. Eine Faszination, die ihresgleichen sucht. „Dabei bauen wir Produkte, die eigentlich kein Mensch wirklich braucht. Eigentlich", so Andreas Henke. „Wir erklären den Kunden aber auch, warum die Welt Dinge braucht, die unvernünftig sind." So verwundert es nicht, dass im Porsche-Marketing filmreife Sätze und Fragen entstehen wie z.B.: „Wie wäre die Welt, wenn alles nur noch rational wäre?" Im Ernst: Wie sähe die Welt denn aus, wenn Geschenke rational wären? Würden wir uns Tacker schenken oder Kleiderbürsten? Gerade diese Irrationalität macht die Faszination Porsche aus: kein Mensch braucht ihn wirklich, aber fast jeder will ihn haben.

Einer der Kampagnen-Claims des 911er „Die deutsche Sprache hat mehr als 500.000 Wörter. Aber nur 3 Ziffern können das Gefühl beschreiben" bringt es auf den Punkt. Und obwohl die Motive der Porsche-Fahrer so unterschiedlich wie die Wörter der deutschen Sprache sein können, so kann man den Ursprung ihrer Gemeinschaft auf drei Ziffern und das, was sie verbindet, auf eines reduzieren: auf die Liebe zur Marke Porsche, auf die Liebe zum 911.

Die Performance der Marke überträgt sich auf das Involvement der Porsche-Fans auf den Social-Media-Plattformen.

Allein der Porsche 911 hat eine Million Fans auf Facebook – weltweit posten die Mitglieder in ihrer Love Brand Community ihre Stars, ihre Heros, ihre Erlebnisse, ihre Geschichten – leidenschaftlich und authentisch. Oder sie beteiligen sich in Form von Co-Creation-Projekten, wie beispielsweise an der Gestaltung des Außenhautdesigns eines 911ers für das Porsche Driving Experience Center in Silverstone.

Darüber hinaus gibt es viele weitere Porsche-Facebook-Seiten zu einzelnen Porsche-Zentren und auch Porsche-Händlern, zum Porsche Owners Club, zum Porsche Sports Cup Deutschland, zum Porsche-Museum und zur Porsche-Arena – um nur eine Auswahl zu nennen. Einige Porsche-Community-Seiten werden dabei als geschlossene Gruppen geführt, wie beispielsweise der Porsche Garagen Talk, in dem man sich über die Leidenschaft Porsche in Bezug auf Berichte, Meinungen, Erfahrungen, Bilder, Videos sowie Tipps und Tricks austauscht. Aber nicht nur auf Facebook sind die Porsche-Fans für ihre Love Brand aktiv, sondern auch auf zahlreichen weiteren Social-Media-Kanälen wie beispielsweise Twitter. Auf YouTube werden zahlreiche und variantenreiche Porsche-Videos oftmals millionenfach geteilt, so zum Beispiel das Video „Nelly – Hey Porsche" knapp 30 Millionen Mal! Die Porsche-Fans können außerdem über den 2014 gelaunchten Porsche Newsroom newsroom.porsche.de alle Informationen gebündelt erhalten und auch hinter die Kulissen ihrer geliebten Marke schauen.

Die Community erlebt und lebt gemeinsam die Faszination der Marke auf zahlreichen und variantenreichen Porsche-Events.

Die Community trifft sich aber nicht nur virtuell, sondern auch physisch auf selbstorganisierten oder auch vom Konzern initiierten Porsche-Events. Hier werden Interessen geteilt und Träume erlebt und gelebt. Angefangen bei Produktpräsentationen über Porsche-Fahrsicherheitstrainings und zahlreichen Trainingsspecials auf den internationalen Porsche Sport

Driving Schools bis hin zu regionalen, themenspezifischen Porsche-Touren, auf denen die Porsche-Fans die Faszination ihrer Love Brand gemeinsam erleben und leben. Porsche weiß um die Wichtigkeit seiner Community und hat dafür eigens ein Porsche Community Management eingerichtet, das strategische und koordinierende Aufgaben wahrnimmt und Serviceleistungen für Porsche-Clubs ebenso wie für Porsche-Vertriebspartner oder Endkunden und Fans anbietet.

„Der große Erfolg von Porsche basiert darauf, dass Porsche sich immer treu geblieben ist hinsichtlich dessen, was wir gerne die „drei hohen C's der Kommunikation" nennen: Continuity (Kontinuität), Consistency (Konsistenz) und Credibility (Glaubwürdigkeit)", ist sich Henke sicher. Und dieser Erfolg wurde mit dem Doppelsieg von Porsche in Le Mans 2015 bei der 83. Auflage des 24-Stunden-Rennens einmal mehr bestätigt, bei dem sich Porsche den 17. Gesamtsieg für die Marke sicherte. Kein anderer Hersteller hat beim härtesten Langstreckenrennen der Welt so viele Erfolge vorzuweisen und ist so eng mit dem Mythos Le Mans verknüpft wie Porsche. Damit ist Porsche der Vision des Unternehmensgründers wieder einen Schritt näher gekommen.

„Das letzte Auto, das gebaut wird, wird ein Sportwagen sein."
Ferry Porsche

DHL Paket: Der Paketdienstleister Nummer 1, bei dem begeisterte Mitarbeiter und Kunden zu Markenbotschaftern werden

Wissen Sie, warum die Kunden der DHL nur Feuerwehrleuten mehr vertrauen als ihren Zustellern oder warum DHL Paket der Paketdienstleister Nummer 1 in Deutschland, Partner erster Wahl im E-Commerce und Innovationsführer in der Branche ist? Hier erfahren Sie es!

Eigentlich fängt es bereits mit dem Anspruch an, den sich das Unternehmen Deutsche Post DHL Group im Rahmen seiner Strategie 2020 gesetzt hat: der weltweit führende Logistikkonzern zu werden und das Unternehmen zu sein, an das Menschen zuerst denken, wenn es um Logistik geht.

„Wir verbinden Menschen und verbessern ihr Leben" bedeutet, einen Mehrwert für alle Menschen – das heißt Kunden, Mitarbeiter und Investoren – und somit für die Bevölkerung des gesamten Planeten zu schaffen. Das Unternehmen bringt nicht nur Päckchen und Pakete, sondern liefert Wohlstand, transportiert Gesundheit, treibt Wachstum voran und bringt Freude. Hierzu zählen auch zahlreiche Corporate-Responsibility-Programme unter dem Motto „Living Responsibility", die von der Übernahme von Verantwortung für die Gesellschaft zeugen.

Um dies zu gewährleisten, wird die Marke DHL konsequent an den Bedürfnissen der Kunden ausgerichtet. Das Markenversprechen „Excellence. Simply delivered." bringt das Qualitätsversprechen von DHL zum Ausdruck und gibt zugleich Orientierung für alle Mitarbeiter. Neben hervorragenden Services und Produkten sind die Einbeziehung der Mitarbeiter und die Förderung ihrer Talente dabei von großer Bedeutung, da die

Leistungsstärke des Unternehmens in hohem Maße vom Verhalten seiner Mitarbeiter beeinflusst wird. Erstklassige Leistungen sind – so weiß das Unternehmen – eine Grundvoraussetzung, um die erste Wahl für Mitarbeiter, Kunden und Aktionäre zu werden. Das Ergebnis kann sich sehen lassen: Das Unternehmen ist heute

- *mit 480.000 Konzernmitarbeitern weltweit präferierter Arbeitgeber,*
- *mit der Marke DHL Paketdienstleister Nummer 1 in Deutschland,*
- *mit einer Umsatzrendite von rund fünf Prozent ein attraktives Investment für Aktionäre,*
- *Partner erster Wahl im E-Commerce und*
- *Innovationsführer der Branche.*

In Deutschland wurde DHL 2014 von der Verlagsgruppe Handelsblatt in Zusammenarbeit mit dem Meinungsforschungsinstitut YouGov als „Marke des Jahres" in der Kategorie Paket- und Logistikdienstleister ausgezeichnet. Dabei wurden die Aspekte allgemeiner Eindruck, Qualität, Preis-Leistungs-Verhältnis, Kundenzufriedenheit, Weiterempfehlungsbereitschaft und Arbeitgeberimage beurteilt. Als stärkste Marke unter den Paketdienstleistern erkämpfte sich die DHL hierbei den ersten Platz. Im Gesamtranking unter rund 700 Marken liegt DHL auf dem fünften Platz.

Dass DHL Paketdienstleister Nummer 1 in Deutschland ist, bestätigen auch zahlreiche weitere Auszeichnungen. Bei den Tests der Stiftung Warentest im Jahr 2014 ist DHL Paket gleich als doppelter Sieger unter den Paketdienstleistern hervorgegangen. So liegt DHL Paket weit vorne bei fairen Arbeitsbedingungen und Umweltschutz. Mit der Gesamtnote „Gut" überzeugte DHL sowohl in dieser Kategorie als auch im parallel durchgeführten Pakettest, bei dem DHL Paket mit zuverlässigen und schadenfreien Lieferungen punktete. Zitat von Stiftung Warentest: „Wer auf Arbeitsbedingungen und Umweltschutz Wert legt, findet mit DHL einen guten Dienstleister fürs Paketversenden."

Auch das Deutsche Institut für Service-Qualität zeichnete DHL Paket 2013 zum wiederholten Mal als Testsieger mit dem besten Gesamtergebnis aus und bestätigt Platz 1 im Bereich Paketversand mit Selbstabgabe der Sendung. Zusätzlich wurde das sehr gute Ergebnis durch die große Anzahl der Annahmestellen, einen ansprechenden Kontakt bei der Paketannahme, günstigen Preisen beim internationalen Versand, umfangreichen Zahlungsmöglichkeiten und einer kundenfreundlichen E-Mail-Bearbeitung begründet.

Die Jury des Deutschen Verpackungspreises prämierte die Multibox von DHL Paket mit dem Verpackungspreis in der Kategorie Transport- und Logistikverpackungen. Mit der Entwicklung der Multibox verfolgt DHL Paket das Ziel, einen Euro-Standard für den Online-Lebensmittelversand zu etablieren. Vor allem die funktionalen und innovativen Aspekte der neuen Transportverpackung von DHL Paket überzeugten die Jurymitglieder des Deutschen Verpackungspreises.

Wie hat es DHL Paket geschafft, an die Spitze zu gelangen? Eigentlich ganz einfach, denn DHL Paket gestaltet den Versand und Empfang von Paketen so unkompliziert und flexibel wie möglich (vgl. Abbildung rechts). Beim Online-Shopping sparen Kunden Zeit und Aufwand: Durch innovative Lösungen wie Packstation, Paketkasten und zahlreiche weitere Zustellservices bestimmt der Kunde selbst, wann und wo er sein Paket erhalten will. Außerdem ist DHL durch das dichteste Netz an Abgabestellen immer und überall in der Nähe.

Online-Händler profitieren dabei durch eine höhere Kundenbindung und mehr Umsatz, denn die Wiederkaufswahrscheinlichkeit steigt, die Rücksendequote sinkt und die Zahlung erfolgt schneller. Dank des direkten und unkomplizierten Paketempfangs wächst die Nachfrage im E-Commerce noch weiter. Sehr plakativ beschreibt DHL Paket dies für seine Kunden auf YouTube in dem sehenswerten Video „Was ändert sich durch E-Commerce?".[105]

Bei DHL Paket steht stets der Kunde im Mittelpunkt – angefangen bei der Dienstleistung über die Unternehmenskommunikation bis hin zur Kommunikation mit den Kunden selbst.

DHL PAKET SERVICES

DHL Paket gestaltet den
Versand und Empfang von
Paketen so unkompliziert und
flexibel wie möglich.

www.paket.de

DHL PAKET APP

SENDUNGS-VERFOLGUNG

PACK-STATION

BONUS-PROGRAMM

ONLINE FRANKIERUNG

POSTFINDER

PAKETKASTEN

POSTFILIALE DIREKT

PAKET-ANKÜNDIGUNG

WUNSCH-ORT

WUNSCH-NACHBAR

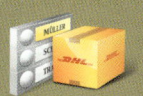

WUNSCH-TAG

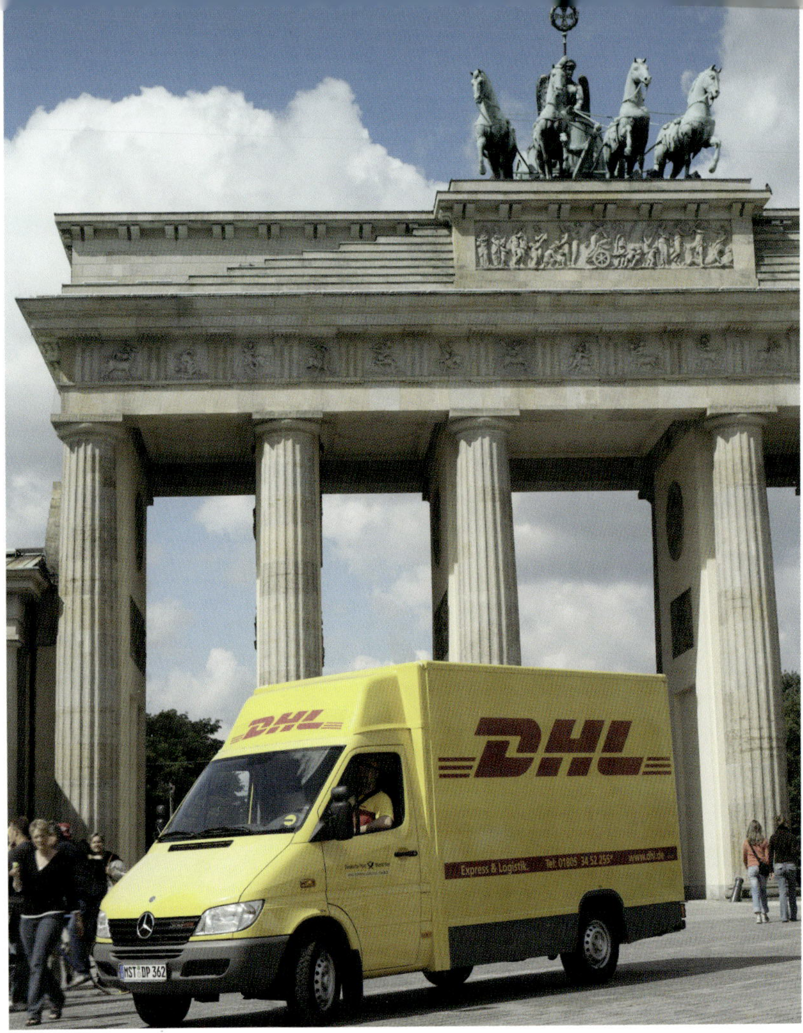
DHL
DHL
Express & Logistik

DHL WISSEN NR. 12
280.000 FÄCHER
DHL
PACKSTATION
PACKSTATION
!

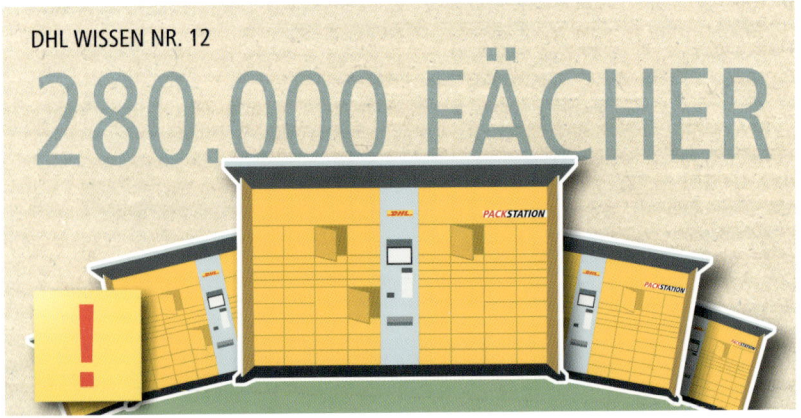

Wie DHL Paket mit Communiting die DHL-Paket-Kunden-Community aktiviert

So wurde beispielsweise die Interaktion (Reaktionszeiten, Antwortverhalten etc.) zwischen DHL Paket und ihren Kunden über Facebook im Dezember 2014 von Social Bakers auf Platz 2 gerankt. Damit liegt DHL Paket bei den „Top 5 Socially Devoted Brands on Facebook" knapp hinter der Deutschen Telekom, aber deutlich vor der Deutschen Bahn.

Facebook dient DHL Paket aber nicht nur als Kundenservice-Plattform. Angefangen bei Co-Creation-Projekten, bei denen die Kunden beispielsweise die künftigen Packset-Designs bestimmen können, bis hin zu Gewinnspielen und Aktionen zu ausgewählten Anlässen. Da gibt es z.B. das Bilderrätsel, bei dem die Kunden auf einem Foto erraten müssen, in welcher Stadt das DHL Fahrzeug gerade unterwegs ist.

Auch gibt es Wissensfragen, die die Kunden aktiv einbeziehen und gleichzeitig geschickt das Leistungsspektrum von DHL Paket vermitteln. So erfahren die Kunden beispielsweise ganz nebenbei, dass es mehr Packstationen als Kinos und Videotheken in Deutschland gibt, nämlich über 2.750. Oder die Kunden werden zum Beispiel gefragt, wer oder was die meisten Fächer hat, und sie können wählen zwischen den folgenden drei Optionen: a) alle Packstationen Deutschlands zusammen, b) der Stundenplan eines bayerischen Abiturienten, c) Karl Lagerfeld. Die richtige Antwort zu dieser zwölften Wissenfrage (vgl. auch beigefügte Abbildung) lautet selbstverständlich: *„a) alle Packstationen Deutschlands zusammen".* Mehr als 280.000 Fächer besitzen alle Packstationen Deutschlands zusammen. Damit wäre wohl selbst der fleißigste Schüler gnadenlos überfordert und Karl Lagerfeld hat heutzutage für Fächer nichts mehr übrig.

Auch erfreuen sich anlassbezogene Aktionen bei der DHL Paket Community hoher Beliebtheit. So wurden beispielsweise zu Muttertag oder auch zu Valentinstag die anlassbezogenen Motive mit hohem Engagement der Community geteilt. Zum Valentinstag wurden sogar die drei Markenbuchstaben DHL zu HDL, als Abkürzung zu „Hab Dich Lieb".

DHL Paket ist damit Vorreiter der Branche, kein anderer Wettbewerber ist im Social-Media-Bereich in Deutschland ähnlich aktiv. So verwundert es nicht, dass als Benchmark keine Wettbewerber, sondern Dienstleister wie die Deutsche Telekom und die Deutsche Bahn herangezogen werden.

Innovationsführerschaft durch engagierte Mitarbeiter und zukunftsweisende Projekte mit Partnern

Als Innovationsführer in der Paketbranche arbeitet das Unternehmen kontinuierlich gemeinsam mit Partnern daran, für die stetig steigende Zahl von Paketempfängern zukunftsweisende Lösungen zu entwickeln und Trends zu setzen. So startete DHL Paket zusammen mit den Kooperationspartnern Amazon und Audi im April 2015 ein deutschlandweit einzigartiges Pilotprojekt, bei dem erstmals in Deutschland das Auto zur mobilen Lieferadresse wird. Damit können Kunden ihre Pakete bequem im eigenen Fahrzeug empfangen, egal an welchem Ort. Mit dieser Pilotierung einer Kofferraumzustellung für Privatkunden in Deutschland beweist das Unternehmen einmal mehr seine Innovationskraft und Marktführerschaft und verfolgt damit weiter konsequent seine Strategie, den Paketempfang noch individueller auf die Wünsche der Kunden abzustimmen.

Viele Ideen für Innovationen kommen im Rahmen des betrieblichen Vorschlagswesens aus den eigenen Reihen. Die besten Ideen werden über ein professionelles Ideenmanagement herausgefiltert, geprüft und entsprechend umgesetzt. Der Ideengeber wird mit Punkten belohnt, die er sich auszahlen lassen kann.

Die unternehmenseigenen Markenbotschafter, die mit Leidenschaft der Marke DHL Paket ein Gesicht verleihen

Im Jahr 2014 lieferten über 100.000 Zusteller der Deutschen Post und DHL tagtäglich 3,4 Millionen Pakete in Deutschland aus. So kommen täglich über drei Millionen Kunden mit der Marke DHL in direkten Kontakt. Dazu kommt die tägliche Präsenz über die DHL Fahrzeuge und die in eine DHL Uniform gekleideten DHL Paketzusteller, die der Marke nicht nur nach außen ein Gesicht verleihen. Die Paketzusteller sind – so wie sie auch intern genannt werden – Markenbotschafter, wie die auf YouTube zu sehenden Videos zweier DHL Paketzusteller belegen.

Da ist zum einen Toni, der seit 27 Jahren mit voller Leidenschaft Pakete ausliefert – derzeit in Gelsenkirchen.[106] Dass sich Toni bereits vor dem offiziellen Dienstbeginn um 7 Uhr mit seinen Kolleginnen und Kollegen auf der Zustellbasis und auch in der Freizeit zum Austausch trifft, spiegelt den besonderen Gemeinschaftsgedanken des Teams wieder. Toni würde seinen Beruf niemals tauschen wollen, denn die täglichen Herausforderungen und der persönliche Kundenkontakt begeistern ihn. Ähnlich die Geschichte von Tanja aus Bochum, die im Kurierservice von DHL Paket in der Abendzustellung arbeitet. Sie bestätigt wie Toni: „Der Job macht mir einfach nur Spaß und ich freue mich immer darauf." Auch sie würde ihn nicht tauschen wollen. Das Treffen, der Austausch und das gemeinsame Lachen mit den Kolleginnen und Kollegen sowie der freundliche Kontakt zu den Kunden begeistern sie jeden Tag aufs Neue. Die Paketzusteller sind das Gesicht von DHL Paket und mit den Filmen werden diese Gesichter erlebbar und das Involvement gegenüber der Zielgruppe noch einmal mehr gestärkt.

Die emotionalen Erzählungen der Kunden bestätigen das hohe Involvement der DHL-Paket-Kunden-Community.

Die Paketzusteller haben sich sicherlich die eine oder andere lustige Geschichte aus ihrem Alltag mit den Kunden zu erzählen. Bücherfüllend sind aber auch die Geschichten der Kunden selbst. In diesem Zusammenhang rief DHL Paket seine Kunden auf, ihre Geschichten an der Packstation zu erzählen. Der Response war überwältigend und die Geschichten sehr variantenreich. Auch Zaubergeschichten waren darunter, die von ungeahnten Zauberkünsten der Paketautomaten berichteten und von denen sogar Harry Potter noch etwas lernen kann. Ich habe Ihnen beispielhaft eine Geschichte rausgesucht, die sicherlich auch Sie zum Schmunzeln bringt, darüber hinaus aber auch das extrem hohe Involvement zur Marke DHL Paket bestätigt.[107]

Opa, der Weihnachtsmann!

Ich wollte meiner Enkelin einen Teddybär schenken, packte ihn in einen Karton und verschickte ihn per Packstation an meine Packstation-Adresse.

Als ich benachrichtigt wurde, daß mein Paket in meiner Packstation angekommen ist, nahm ich mein Enkelkind an die Hand und erzählte ihr, daß der Nikolaus für sie ein Paket geschickt hat. Ich ließ sie die Karte einstecken, wählte meine PIN und siehe da, wie aus Zauberhand öffnete sich die Klappe des Nikolaus und warf ihr Geschenk aus!!

Sie erzählt nun allen über die schöne Nikolaus-Packstation!

Udo B.

Vor Ort in den einzelnen Bezirken zeigt sich dieses extrem hohe Involvement zur Marke DHL Paket durch die Bindung und das Vertrauen, das dem Zusteller von DHL Paket entgegengebracht wird. So vertrauen beispielsweise Kunden den Paketzustellern ihren Haustürschlüssel zur Anlieferung von Paketen an.

Ein weiteres Beispiel dafür ist, dass Kunden bei einem anstehenden Bezirkswechsel durch Unterschriftenaktionen über Treffen vor Ort bis hin zu Facebook-Aktivitäten darum kämpfen, den bekannten Paketzusteller zu behalten.

Insgesamt haben die Kunden von DHL Paket eine enge Bindung an die Marke – nicht nur über die 15.000 Paketzusteller, sondern auch über die 29.000 Abgabe- und Annahmestellen wie die DHL Paketshops und Postfilialen sowie die 2.750 Packstationen, die rund um die Uhr für ihre Kunden da sind. In über 1.000 Paketboxen können die Kunden ihre bereits frankierten Pakete einwerfen. Für seine Kunden ist DHL Paket auf jeden Fall erste Wahl in Bezug auf den Versand für Pakete.

Paketdienstleister Nummer 1 über Deutschland hinaus

Und das nicht nur innerhalb Deutschlands, sondern künftig auch weltweit. In erster Linie liegt der Expansions-Schwerpunkt auf den aufstrebenden Märkten und dem dynamischen globalen E-Commerce-Markt. Im E-Commerce setzt der Konzern auf das Erfolgsrezept, das sich im deutschen Paketgeschäft bewährt hat. Daher werden sukzessiv weltweit neue Märkte mit passenden Konzepten erschlossen.

Damit wird es DHL schaffen, nicht nur in Deutschland der Paketdienstleister Nummer 1 und Partner erster Wahl im E-Commerce zu sein, sondern auch in anderen Märkten dieser Welt.

Als Innovationsführer der Branche wird das Unternehmen Lösungen bieten, die insbesondere die Anforderung von Online-Käufern an bequemen Paketempfang und Retourenversand in Europa und weltweit voll erfüllen. Zur Weiterentwicklung des Online-Handels wird es künftig auch über Deutschland hinaus eine einzigartige Infrastruktur mit eigenen Zustellnetzen bieten und stets neue, kundenorientierte und passgenaue Lösungen für professionellen Paketversand liefern – Excellence. Simply delivered.

Eine Love Brand für Babys und Eltern: HiPP

„Hierfür bürge ich mit meinem Namen" – Wer kennt diesen Satz nicht? Er steht für einen Unternehmer, der gern für das Wertvollste im Leben Verantwortung übernimmt – unsere Kinder. Und zwar aus vollster Überzeugung. Die Rede ist von Professor Dr. Claus Hipp.

Expertengespräch mit Claus Hipp[108]

Claus Hipp stieg nach seinem Studium der Rechte 1964 in den Betrieb seines Vaters Georg Hipp in Pfaffenhofen an der Ilm ein, übernahm 1967 die Betriebsleitung und ist seit dem Tode seines Vaters 1968 persönlich haftender Gesellschafter der HiPP-Betriebe. Unter seiner Leitung entwickelte sich das Unternehmen zu einem der führenden Hersteller für Babynahrung.

Claus Hipp selbst erzählt, was die Marke HiPP ausmacht:

„Das, was unsere Marke ausmacht, ist in unserem Unternehmensleitsatz beschrieben: ‚Das Beste aus der Natur – das Beste für die Natur.' Aber das allein reicht heute nicht mehr aus, um erfolgreich zu sein. Die Konsumenten wollen mehr über die Marke und das Unternehmen wissen. Sie wollen wissen, wer hinter dem Unternehmen steht, welche Philosophie es hat, welche Kultur, welches Verhalten gegenüber der Umwelt und viele Dinge mehr. All dies erfahren die Konsumenten bei uns und sie spüren auch, dass unsere Mitarbeiter unsere Unternehmensphilosophie verinnerlicht haben. Ethik, Wertschätzung der Schöpfung, Menschenbild – all das gehört zum Kern unserer Marke. All unser Handeln richtet sich nach unserer Grundüberzeugung, die auch in der Ethik-Charta niedergeschrieben ist. Vertrauen ist hier ein ganz wichtiger Wert für unser Unternehmen und unsere Marke. Einem Familienunternehmen mit einer Familie an der Spitze, die man kennt, und das für bestimmte Werte steht, vertraut man mehr als einem anonymen Großkonzern. Fast jeder kennt die Geschichte des Bio-Pioniers und der Entwicklung des Unternehmens von einem Handwerksbetrieb bis zu einem mittelständischen Familienunternehmen.

Christliche Werte waren von Anfang an und sind immer noch der Gradmesser unseres unternehmerischen Handelns, sind Grundlage für richtungsweisende Entscheidungen im Kleinen wie im Großen. Das Eintreten für diese Werte, auch wenn es bedeutet, gegen den Strom zu schwimmen, war immer der Leitfaden der Familie Hipp. Nicht das Orientieren an der bloßen Gewinnmaximierung, egal mit welchen Mitteln, sondern vielmehr verantwortungsvolle und nachhaltige Gewinnoptimierung ist wichtig für HiPP. Wir sind Vorreiter in unserer innovativen Nachhaltigkeitsstrategie und machen das seit vielen Jahren aus Überzeugung und nicht, weil es gerade modern ist. Erhalt der Schöpfung, die Überzeugung von der Richtigkeit ökologischer Landwirtschaft, also im Einklang mit der Natur zu leben, nachhaltiges Wirtschaften, das Prinzip des ehrbaren Kaufmanns im Umgang mit Mitarbeitern, Vertragspartnern und Verbrauchern.

Der Erfolg eines Unternehmens ist maßgeblich abhängig von seinen Mitarbeitern. Unsere Mitarbeiter sind von unserem Unternehmen und von unseren Produkten überzeugt und mit Leidenschaft bei ihrer Arbeit. Ihre Motivation, ihre Expertise, ihr Engagement machen in Summe den Erfolg aus. Das Wissen darum und die damit verbundene Wertschätzung jedes Einzelnen ist ein Wert an sich. Auch Glaubwürdigkeit, Ehrlichkeit und Transparenz sowie Respekt, Beständigkeit und das aktive Eintreten für unsere Überzeugung sind wichtige Werte, die maßgeblich zu unserem Erfolg beitragen. All das ist die Basis dafür, dass unsere Kunden uns lieben - und sie lieben uns auch deshalb, weil wir ganz nah an ihnen dran sind. Auch durch unseren Elternservice, mit dem wir die Wünsche der Eltern mit Liebe zum Detail erfüllen."

Der HiPP-Elternservice hilft den Eltern während und nach der Schwangerschaft, in ihre Aufgabe hineinzuwachsen. Für alle Fragen zur Ernährung des Babys hat HiPP ein Elterntelefon eingerichtet, an dem erfahrene Mütter und Ernährungswissenschaftlerinnen kompetent Fragen beantworten. Für weiterführende Fragen können E-Mails an das Unternehmen gesendet werden. Aus all den Fragen und Gesprächen erhält das Unternehmen wiederum wertvolle Informationen für seine Aktivitäten.

„Mein BabyClub" – hier tauscht sich die HiPP-Gemeinschaft wertschätzend zu allen Themen rund um das Baby aus.

Aber nicht nur dort, sondern auch im BabyClub, in dem ungefähr jede zweite Mutter in Deutschland Mitglied ist, steht der Elternservice der gesamten HiPP-Gemeinschaft mit Rat und Tat in allen Fragen rund um das Baby zur Verfügung. Hier dreht es sich vor allem um Themen rund um die Schwangerschaft, die Entwicklung, Pflege und Ernährung des Babys sowie um Fragen der Erziehung. Neben dem Austausch mit dem Elternservice stehen „wertvolle Tipps von Eltern für Eltern" im Fokus der Kommunikation. Eltern teilen dabei untereinander wichtige Erfahrungen mit ihrem Liebling. Dem Unternehmen und auch der Community selbst ist dabei eine authentische und wertschätzende Kommunikationskultur sehr wichtig.

Darüber hinaus erwarten die Mitglieder der HiPP-Community zahlreiche Vorteile – angefangen bei Gewinnspielen und besonderen Aktionen bis hin zu kostenlosen Probierpackungen von neuen Produkten. So werden die aktivsten Schreiber im Elternforum regelmäßig aufgefordert, als Produktpioniere tätig zu werden, das heißt, sie erhalten vor Markteinführung Produktmuster, die sie testen und bewerten können.

Gerade hier ist dem Unternehmen die Rückmeldung der Eltern besonders wichtig. Denn nicht nur den Kindern, sondern vor allem auch den Eltern muss das Produkt gefallen. Deshalb werden sie sehr frühzeitig – neben der Entwicklungsabteilung und den Mitarbeitern des Unternehmens – in die Entwicklung von neuen Geschmacksrichtungen und generell neuen Produkten einbezogen. Sie entwickeln quasi in Form von Co-Creation-Projekten die Produkte, die sie dann später gern ihren Kindern geben. So zum Beispiel die Gläschen mit Pflaumen, die aufgrund der Anregung von Eltern entstanden sind.

Mit Co-Creation zu neuen HiPP-Produkten – gern auch personalisiert

Neu ist, dass sich die HiPP-Fans jetzt auch ihr persönliches HiPP-Babysanft-Lieblingsprodukt ins Haus liefern lassen können. So können die Mütter die Produkte mit dem Bild und dem Namen ihres kleinen Lieblings personalisieren. Und gern lassen die Mütter dann gleich für die Babys ihrer Freundinnen eigene personalisierte Produkte mitproduzieren, die beim nächsten Baby-Treff als kleine Aufmerksamkeit übergeben werden und dann dort Gesprächsthema sind.

Aber nicht nur auf den unternehmenseigenen Plattformen tauschen sich die HiPP-Fans aus. Auch ausgewählte Social-Media-Plattformen frequentieren sie intensiv. So sind auf Facebook beispielsweise über 76.000 Fans gerade auch bei interaktiven Aktionen wie etwa „Beliebteste Vornamen", Bildersuchspiele und Gewinnspiele sehr aktiv und auch auf YouTube werden die HiPP-Videos von der HiPP-Community gern geteilt. Auch auf der größten deutschen Elternplattformen www.rund-ums-baby.de ist HiPP mit einer eigenen Expertenseite beratend tätig.

Die Community lebt die Marke HiPP mit tiefster Überzeugung. Die Mitglieder tragen die Marke weiter zu anderen Müttern, sie werden zu Botschaftern für die Marke. Ebenso wie ihre kleinen Lieblinge, die in HiPP-T-Shirts die Welt erkunden oder mit einem der vielzähligen Accessoires die Lieblingsmarke ihrer Eltern in ihrem Umfeld präsentieren.

Der Weg von Love Brands

im
B2B-Bereich

Das Love-Brand-Konzept ist keineswegs auf den Konsum-bereich beschränkt. Communiting, Marketing 4.0 und die Social Selling Proposition (SSP) funktionieren – mit leicht veränderter Schwerpunktsetzung – auch im B2B-Bereich überzeugend gut. Die folgenden Best Practice Cases zeigen, wie Unternehmen im B2B-Bereich ihre Marke zur Love Brand entwickelt haben und damit erfolgreicher sind als ihre Wettbewerber.

Markenliebe im B2B:
KALDEWEI zeigt, wie das geht

Sicherlich wundern Sie sich jetzt, wie es ein Unternehmen im B2B-Bereich schaffen kann, eine Love Brand zu werden. Hier erfahren Sie, wie das möglich ist.

Vom nationalen Volumenhersteller zum international agierenden Hersteller hochwertiger Badlösungen

Was die Marke KALDEWEI noch vor zehn Jahren repräsentierte, ist mit dem, was KALDEWEI heute darstellt, kaum zu vergleichen. Während meines Marketing-Studiums an der Westfälischen Wilhelms-Universität führte ich mit Kommilitonen eine Befragung zum Badsegment am Point of Sale durch. In fast ganz Deutschland gingen wir den verschiedenen Marken auf den Grund, unter anderem natürlich auch KALDEWEI. Damals war die Franz Kaldewei GmbH & Co.KG – wie viele andere der Branche – noch ein Anbieter im Volumensegment, vorwiegend in Deutschland, maximal im deutschsprachigen Ausland tätig. In den letzten Jahren hat es das 1918 gegründete Familienunternehmen mit Sitz in Ahlen geschafft, auf Basis einer langfristigen, klaren Vision und konsequenter Markenführung ein internationaler Anbieter von designorientierten Premiumprodukten für hochwertige Badlösungen zu werden – mit eigenen Tochtergesellschaften oder Vertriebspartnern in über 70 Ländern der Welt.

Mit dem Portfolio aus mittlerweile über 500 Duschflächen, Badewannen und Waschtischen aus einzigartigem KALDEWEI Stahl-Email bietet der Premiumhersteller perfekt aufeinander abgestimmte Lösungen für das Projektgeschäft und für private Bauherren – in einheitlicher Materialität und harmonischer Designsprache. Mit seinen Meisterstücken präsentiert KALDEWEI eine neue Generation freistehender Badewannen, die vollständig aus kostbarem KALDEWEI Stahl-Email gefertigt sind und in

puncto Ästhetik ebenso wie hinsichtlich Langlebigkeit und Pflegeleichtig-
keit höchsten Ansprüchen genügen. Auch Merkel und Obama badeten
2015 im Schloss Elmau Retreat in KALDEWEI-Wannen ...

Das Unternehmen, das sich mittlerweile fest im Ranking der führenden
deutschen Luxushersteller etabliert hat, wurde 2010 und 2012 als „Marke
des Jahrhunderts" ausgezeichnet und erhielt dank der Zusammenarbeit
mit international renommierten Designbüros bereits über 100 Design-
prämierungen. So wurde beispielsweise Anfang des Jahres das sehr
anspruchsvolle und ästhetische Design zweier neuer Badewannen aus der
Meisterstück-Serie mit Red-Dot-Awards prämiert. Die neu eingeführten
Waschtischserien erhielten den Iconic Award des Rates für Formgebung.

Die Entwicklung des Unternehmens hat Vorbildcharakter und ist in dieser
Branche einzigartig. Der Erfolg basiert auf einer konsequenten Entwicklung
der Marke. Dazu hat sicherlich auch das Marketing-Studium des Inhabers
Franz Kaldewei an der Westfälischen Wilhelms-Universität Münster, das
auch sein Marketingleiter Arndt Papenfuß dort absolvierte, beigetragen –
und da schließt sich dann wieder der Kreis.

Die emotionale Aufladung der mit Leidenschaft geführten Marke schafft Wettbewerbsvorteile.

Mit der Entwicklung des Unternehmens ging auch ein unternehmensinternes Umdenken einher. Während sich die Mitarbeiter in der Vergangenheit über die Produkte und rein technische USPs definierten, so definieren sie sich heute über die Marke, für die sie eine besondere Leidenschaft entwickelt haben. Nicht nur das Marketingteam fühlt sich als Motor und Wächter der Marke, sondern auch die eher vertriebs- und technikorientierten Mitarbeiter, die gleich Alarm schlagen, wenn sie auf dem Markt nicht CI-konforme Darstellungen der Marke entdecken. Sie haben die für die Branche ungewöhnliche Kommunikation verinnerlicht, die weniger auf Technik und Funktionalität, sondern vielmehr systematisch mit den Markencodes einer Luxusmarke spielt: Reduktion auf das Wesentliche, ikonische Inszenierung der Produkte, eindrucksvolle Bilder voll Emotion. Sie haben verstanden, wie Kommunikation im Premiumsegment funktioniert, dass diese einer klaren Hierarchie folgen muss. Erst wenn die Marke wahrgenommen und eindeutig positioniert ist, also Markenpräferenz geschaffen ist, dann folgen Informationen und technische Details, die häufig über andere Kanäle wie Online oder im direkten Dialog transportiert werden.

Die Leidenschaft für die Marke überträgt sich auch auf den Handel. So kommt dieser aktiv auf KALDEWEI zu (in der Branche ist es üblicherweise umgekehrt), um beispielsweise ein Premiumbad in ihrer Badausstellung einzubauen. Besonders ist auch, dass ein Handelsunternehmen gemeinsam mit KALDEWEI das Präsentationskonzept entwickelt und die Umsetzung im KALDEWEI-Corporate-Design erfolgt. In der Regel sind Händler nämlich sehr darauf bedacht, ihr eigenes CD in ihren Ausstellungen zu platzieren.

Der Handel weiß das hochwertige und umfangreiche Angebotsspektrum des Premiumherstellers zu schätzen, dessen Produkte sich stets durch das selbstentwickelte KALDEWEI Stahl-Email – eine Art Coke-Formel für Badprodukte – definieren, das dem Unternehmen eine Alleinstellung garantiert. KALDEWEI ist der einzige Hersteller weltweit, der die Rezeptur für die Emaillierung selbst entwickelt hat und das Email in den eigenen Schmelzöfen produziert. KALDEWEI setzt entlang der gesamten Wertschöpfungskette – von der Herstellung des Emails, der Stahlverformung bis zur Veredelung mit KALDEWEI-Email – bewusst auf die Fertigung ausschließlich am Standort Ahlen in Deutschland. Von dort exportiert KALDEWEI seine Produkte „Made in Germany" in die ganze Welt.

KALDEWEI produziert aber nicht nur in Eigenregie, sondern entwickelt nahezu alle Innovationen selbst. Zahlreiche Innovationspreise bestätigen dem Unternehmen seine Expertise in diesem Bereich. So beispielsweise die mehrfache Auszeichnung mit dem „Interior Innovation Award" oder Iconic Award „Product – Best of Best" im Jahr 2014. Die Awards zeichnen innovative Produkte und eine nachhaltige Kommunikation aus der Architektur-, Bau- sowie Immobilienbranche und dem produzierenden Gewerbe aus. Dass dem Unternehmen die Kommunikation mit seinen Geschäftspartnern sehr wichtig ist, zeigt auch, dass diese über Co-Creation in die Entwicklung von Innovationen mit einbezogen werden.

KALDEWEI schafft mit Co-Creation nicht nur innovative Badlösungen, sondern bietet echten Nutzen für die B2B-Kunden.

KALDEWEI denkt bei Innovationen nicht nur an neue Lösungen für einzelne Produkte wie Badewannen, sondern vor allem auch an Komplettlösungen. Für Architekten und Installateure werden Bäder in ihrer Gesamtheit angeboten – angefangen bei der eigentlichen Duschfläche über deren Montagesystem bis hin zum Ablauf. Hier setzt KALDEWEI auf den Input der Sanitär-Profis und bezieht sie in einen Co-Creation-Prozess mit ein. So werden beispielsweise gemeinsam mit Installateuren Lösungen für Installateure erarbeitet, auf kaldewei.de werden Architekten und Installateure online mit eingebunden. Auf die interaktive und vernetzte Kommunikation mit den Partnern legt KALDEWEI großen Wert, so dass die Kommunikationsplattformen immer weiter ausgebaut und professionalisiert werden.

Neben dem KALDEWEI-Produktkonfigurator plant KALDEWEI beispielsweise eine Bad-Planungs-App und eine Service-App für Installateure.

Auch über den KALDEWEI Competence Club, einer Initiative zur Förderung der stärkeren Zusammenarbeit mit dem Fachhandwerk, werden
der kontinuierliche Austausch von Informationen und die gemeinsame
Entwicklung von Lösungen vorangetrieben, die auch entsprechend
honoriert werden. Darüber hinaus erhalten die Mitglieder des Competence
Clubs eine gezielte Vorstellung, Beratung und Erklärung zu Produkten,
eine Nutzendarstellung für den Endkunden sowie Tipps zu Einbauhilfen,
Sonderausstattungen und Zubehör im Sinne einer optimalen Gesamtlö-
sung. Der Nutzen der Mitgliedschaft in der Community besteht zudem
darin, dass jeder Kunde einen festen, persönlichen Ansprechpartner
hat, der stets für ihn da und direkt erreichbar ist: 24 Stunden am Tag,
sieben Tage die Woche per E-Mail und zehn Stunden am Tag, fünf Tage
die Woche per Telefon, ergänzt um die Soforthilfe-Maßnahmen auf
der Baustelle.

Der Gedanke eines derartigen Clubs ist zwar in der Branche nicht unique,
das hohe Engagement innerhalb des KALDEWEI Competence Clubs
und die starke Einbindung der Architektur- und Installateur-Community
zur Erarbeitung gemeinsamer Lösungen aber schon. Zudem ist diese
Art des Communiting für KALDEWEI ein wichtiges Tool, um die Mission,
„Worldwide partner for iconic bathroom solutions shaped from unique
KALDEWEI steel-enamel" zu sein, umzusetzen.

Ein auf Werten basierendes Familienunternehmen erobert die Herzen seiner Partner und Kunden.

Der KALDEWEI Competence Club und die intensive Einbeziehung der
Partner zeigen, dass in dem Familienunternehmen, das mittlerweile über
700 Mitarbeiter weltweit beschäftigt und mehrmals als bester Arbeitgeber
mit dem Top Job Award ausgezeichnet wurde, die Kernwerte Professi-
onalität, Leidenschaft und Respekt auch gelebt werden. KALDEWEI
hat es aber nicht nur geschafft, eine Love Brand bei seinen Händlern

sowie Installateuren, Badplanern und Architekten zu werden. Auch ist KALDEWEI auf dem Weg, den Endkunden mit dem KALEDWEI-Virus zu infizieren. Viele Designs der KALDEWEI-Produkte sind wegweisend und zu wahren Stilikonen avanciert. Zeitlose Designklassiker, die flüchtige Moden und Trends überdauern und dem Kunden tagtäglich das gute Gefühl vermitteln, dass die Kaufentscheidung richtig war. Mit den hochwertigen Produkten bietet KALDEWEI den Konsumenten besondere Wohlfühlmomente im Bad, das sich längst als Wellness-Oase etabliert hat.

Kunden wissen das ästhetische Design und die inszenierten KALDEWEI-Komplettlösungen zu schätzen, aber vor allem auch die innovativen Produkte. So überraschte KALDEWEI 2013 nicht nur die gesamte Branche und Fachpresse, sondern vor allem auch die Endkunden mit einer Sensation der Badkultur, einem Audio-System für die Wanne namens KALDEWEI Sound Wave, und wiederum 2015 mit einem völlig neuartigen Wellnesserlebnis, KALDEWEI Skin Touch.

Damit zeigt sich einmal mehr, dass KALDEWEI seinem Motto „Wir gehen immer unsere eigenen Wege: Ganz neue" auf allen Ebenen treu bleibt. Und dass sich das auch auszahlt, zeigen die Ergebnisse, die das westfälische Unternehmen verzeichnen darf:

- *Platzierung im Top 50 Ranking der deutschen Luxusunternehmen; zweimalige Auszeichnung als „Marke des Jahrhunderts"*
- *Über 100 Designpreise, wie Red Dot, iF Award oder German Design Award*
- *kontinuierliches profitables Wachstum über Jahrzehnte*
- *systematische Internationalisierung und Erschließung von neuen Wachstumsmärkten in Asien, Amerika oder dem Mittleren Osten*
- *Einstieg in das Produktsegment Waschtische*
- *Auszeichnung für Markenkommunikation und Messestand*

Die Einsatzmöglichkeiten des KALDEWEI Stahl-Emails sind unglaublich vielfältig, die Vorteile des Materials eindeutig, die Markenführung konsequent und langfristig. Da ist für die Zukunft von KALDEWEI noch viel zu erwarten.

TUOMI – mit Communiting zu einem der innovativsten Unternehmen im Mittelstand

Ihre Kontaktdaten ändern sich und Sie sind überrascht, dass Sie keine neuen Visitenkarten drucken müssen? Sie gehen zu einer Museumseröffnung und wundern sich, dass in dem umfangreichen Ausstellungskatalog die aktuellsten Informationen enthalten sind? Sie wollen im Supermarkt eine Flasche Wein aussuchen und sind begeistert, dass Sie sich auf Ihrem Smartphone einen kurzen Clip anschauen können, der Ihnen die zugehörigen Weingüter genau vorstellt? Eines sei vorab verraten. Hinter all dem steckt Tuomi.

Ein „kleines" Systemhaus mit großen Leistungen, das von Mitarbeitern und Partnern geliebt wird

Das etablierte Systemhaus für Softwareentwicklung, IT-Anwendungen, Netzwerktechnologie und IT-Sicherheit mit Sitz in Luxemburg und Trier entwickelte sich von 1995 bis heute vom IT-Dienstleister zum Spezialisten für Cloud-Computing und zum Experten für die Konzeption und Realisierung von Anwendungen im Umfeld der NFC-Technologie (Near Field Communication). Dabei war und ist das Unternehmen mit nur zwölf Mitarbeitern stets von einem Innovationsvirus getrieben. Es vergeht keine Woche, in der nicht eine neue Idee geboren und in den Innovationsprozess gegeben wird.

Wer Tuomi kennt, weiß, dass sich die Leidenschaft für Innovationen des Unternehmerpaares Roos nicht nur auf die Mitarbeiter überträgt, sondern auch auf die Kunden, die bei Tuomi stets „Partner" genannt werden. Aber sie geht noch darüber hinaus. So wurde Johannes Roos beispielsweise von den Zuhörern auf der Innosecure 2015 mit dem Best Paper Award für seinen Vortrag „NFC im Smartphone – der Abschied von Mifare?" ausgezeichnet.

Der Mensch und sein Wissen – dies steht bei Tuomi stets im Mittelpunkt. Jeder, der sich bei Tuomi engagiert und bereit ist, sich in viele unterschiedliche Bereiche einzuarbeiten, bekommt eine Chance. So wundert es nicht, dass heute in dem internationalen Team, das werteorientiert von dem Unternehmerpaar geführt wird, einige Mitarbeiter zu finden sind, die einmal als Praktikanten begonnen haben.

Wer glaubt, dass ein IT-System nichts mit Emotionen zu tun hat – Fehlanzeige. Ich selbst habe selten eine emotional so aufgeladene Unternehmenskultur erlebt wie bei Tuomi. Vielleicht liegt das in der Unternehmensgeschichte begründet: Das Unternehmerpaar hat sich früh in die Selbstständigkeit begeben, dann aber zunächst die Priorität ganz klar auf die Familie gelegt. Als die vier Kinder aus dem Haus waren, wurde mit den Mitarbeitern noch einmal durchgestartet. Dies spüren die Mitarbeiter, die Partner und die Kunden und es macht Tuomi zu einer solch liebenswerten Marke!

Eine auf Partnerschaft basierende Community, die ihr Potenzial bestmöglich ausschöpft

Dem Gründerpaar war sehr schnell bewusst, dass das Unternehmen nur mit qualifizierten Partnern wachsen kann. Klar war, dass Tuomi die Bereiche Cloud-Service und Softwareentwicklung selbst abdecken kann. Das für die jeweilige Innovation benötigte Know-how sollte von einem Kooperationspartner erbracht werden. So werden heute über 50 Prozent der Innovationen von Tuomi zusammen mit Partnern und Kunden entwickelt. Das Unternehmen hat es verstanden, sich über Communiting erfolgreich am Markt zu etablieren. Es zählt zu den innovativsten Unternehmen der Branche. So wurde Tuomi beispielsweise zusammen mit seinem Partner Top-Label GmbH & Co. KG im Juni 2015 als eines der innovativsten Unternehmen im deutschen Mittelstand ausgezeichnet. Prämiert wurde dabei das Innovationsprojekt Taplabel (www.taplabel.com), das dem Verbraucher ermöglicht, sich bei der Auswahl einer Flasche Wein im Supermarkt auf seinem Smartphone über ein Etikett einen Clip von dem entsprechenden Weingut anzuschauen.

Taplabel als Hersteller von Haftetiketten und Tuomi sehen in der Entwicklung dieses „sprechenden" Etiketts ein hohes Potenzial, gerade auch vor dem Hintergrund der immer älter werdenden Bevölkerung. Zudem sind sowohl bei hochwertigen, erklärungsbedürftigen Produkten wie Medikamenten oder Pflanzenschutzmitteln wie auch bei Warensicherung und Originalschutz vielfältige Einsatzmöglichkeiten gegeben.

Mittlerweile wurden mehrere hundert derartige Innovationen über Co-Creation entwickelt. Dabei werden mehr als 80 Prozent der Partner und Kunden über die Tuomi-Website generiert. In Workshops werden gemeinsam die Innovationspotenziale eruiert. Daraus entstehen innovative Ideen, deren Umsetzbarkeit von Tuomi überprüft wird. Sobald hier grünes Licht gegeben wird, geht es an die Entwicklung – und das in allen Bereichen, sprich Cloud, NFC oder IT-Services.

Seit 1998 verfügt Tuomi über eine eigene Cloud-Infrastruktur. Aus den anfänglichen E-Mail- und Webservices entwickelte sich Tuomi zum Serviceprovider. Zu den Angeboten zählen GPS-Tracking, Zeiterfassung, Hosted Exchange, Online-Datenspeicherung, Datensicherheit und Verschlüsselung.

Zum GPS-Tracking etwa zählt das von Tuomi gemeinsam mit dem Softwareentwickler und -hersteller Maxtech aus Oulu, Finnland, entwickelte tagsFLEET. Damit werden alle Fahrzeuge in einem System erfasst. So können eigene und fremde Fahrzeuge der anwendenden Unternehmen gemeinsam disponiert und verfolgt werden, wobei jeweils Fahrzeug, Fahrkategorie, Zeitraum, Start und Zieladresse angezeigt werden. Mit tagsFLEET kann man sehen, welche Straßen im Winter gerade geräumt oder gestreut werden und an welchen Streckenabschnitten im Sommer gemäht oder gemulcht wird.

Zu den Anwendern zählen vor allem Kommunen und öffentlich-rechtliche Anstalten, die ihre Leistungen so gegenüber den Auftraggebern abrechnen und nachweisen. Dass Tuomi seine Angebote mit seinen Kunden nicht nur stets weiterentwickelt, sondern dadurch auch individuell auf die Bedürfnisse der Kunden abstimmt, belegt die folgende Aussage des Bauhofleiters der Stadtwerke Burscheid: „Wir müssen auch dokumentieren, wer das Fahrzeug fährt. Dafür hatte Tuomi glücklicherweise auch eine Lösung für uns."

Zu den Kunden zählen darüber hinaus Schulen, Städte, Institutionen, Wirtschaftsprüfer und Steuerberater sowie Unternehmen aus Industrie und Handel.

Innovationen als sinnstiftender Content der Tuomi-Community

Aufbauend auf dem Cloud-Know-how und inspiriert von einem Kongress entwickelt Tuomi seit 2009 im Bereich Near Field Communication (NFC) Applikationen. NFC ist eine Form der drahtlosen Datenübertragung, die Bluetooth und WiFi ergänzt. In naher Zukunft werden Smartphone, Notebook und Tablet, aber auch Alltagsgeräte wie Fernseher, Lautsprecher, Kühlschränke oder Blutdruckmessgeräte über diese Technologie vernetzt sein. Mit NFC lassen sich Prozesse steuern und vereinfachen. Durch viele Projekte in Industrie, Handel und Kultur konnte Tuomi vielfältige Erfahrungen sammeln, wie sich NFC optimal einsetzen lässt. Tuomi ist im Bereich NFC für weltweit führende Unternehmen tätig. Dabei wurde eine Vielzahl an Projekten erfolgreich umgesetzt. Dieses Know-how sowie ein reichhaltiges Repertoire an Modulen ermöglichen Tuomi eine schnelle Anwendungsentwicklung.

So hat sich das Unternehmen im gesamten NFC-Umfeld bereits heute europaweit einen Namen gemacht. Dabei reichen die Entwicklungen mit Kunden von NFC-Infotafeln über NFC-Visitenkarten bis hin zu NFC-Kundenkarten und NFC in Werbeartikeln. Das Netzwerk von Tuomi mit seinen Spezialisten wie ebets GmbH und Bayer Schilder GmbH in Österreich, DanSign A/S in Dänemark, BrandFlavours in den Niederlanden, Toplabel GmbH & Co. KG, Sygnomi GmbH, Braun + Sohn Druckerei GmbH & Co. KG,

Polybytes Media GmbH & Co. KG, PAV Card GmbH, Hubert Burda Media KG, Horatio GmbH in Deutschland, Eurobase GmbH in Luxemburg oder MaxTech OY und Hansaprint OY in Finnland erlaubt kundenspezifische Entwicklungen in Form von Co-Creation-Projekten. Projekte wie das EU-Projekt recodura zum Einsatz von NFC im Bereich Schließsysteme sind bereits heute weltweit bedeutend. Weitere Projekte zur Datenerfassung mit Gegenbauer Holding SE & Co. KG und den Landeszentralbanken in Berlin oder auch zum Einsatz von NFC im Museum (www.tagsmuseum.com) mit dem Landesmuseum Schleswig-Holstein in Schloss Gottorf und The Maritime Museum of Finland in Kotka, Finnland, oder Projekte für Sehbehinderte mit dem Stadtmuseum Simeonstift Trier und der Fachhochule in Trier lassen das Potenzial dieser Technologie erahnen.

So sind etwa seit 2014 an Bahnstationen der Österreichischen Bundesbahn über 1.000 NFC-Infotafeln mit Schildern der Firma Bayer Schilder in Kooperation mit NFC-Link (Enterprise TagManagement) von Tuomi ausgestattet. Hier können Fahrgäste zu jeder Tageszeit Informationen in Echtzeit abrufen. Die Kombination von QR-Code und NFC-Tag erlaubt den Zugriff über eine große Anzahl von Endgeräten. Im Gegensatz zur bisherigen Webanalyse kann über den NFC-Link in Verbindung mit einem umfangreichen NFC-TagManagement eine Vielzahl detaillierter Informationen erfasst werden. Erkannt werden Besucherflüsse, Zugriffe während des Tages, der Woche, des Monats oder des Jahres, Häufigkeit des Zugriffs, Standort und vieles mehr. Vorteil des NFC-TagManagements von Tuomi ist die einfache Verarbeitung und Erfassung auch komplexer Daten und Modelle. Heute hat Tuomi durch die Erfassungsmethode einen großen Informationsvorsprung, der in Projekten mit Tuomi berücksichtigt wird.

Im erwähnten Museumsbeispiel ist es das digitale Booklet, das vom Archäologischen Landesmuseum Stiftung Schleswig-Holsteinische Landesmuseen Schloss Gottorf gewünscht war und aus dem Tuomi gleich zusammen mit dem Kunden ein innovatives Produkt entwickelt hat. Über 300 Exponate werden in der Sonderausstellung „Von Degen, Segeln und

Kanonen" in der Reithalle in Schloss Gottorf in Schleswig ausgestellt. Jedes Exponat wird dabei über ein digitales Booklet von Tuomi in sechs Sprachen näher beschrieben.

Die Ausgabe erfolgt auf Asus MemoPads, die den Besuchern am Eingang kostenfrei zur Nutzung überlassen werden. Mit dem Tablet gehen die Besucher durch die Ausstellung und können zu den Exponaten je nach Bedarf Informationen abrufen.

Hierzu sind einzelne oder mehrere zu einer Gruppe zusammengefasste Exponate mit einem NFC-Tag ausgestattet. Berührt der Besucher mit dem Tablet den NFC-Tag, wird die entsprechende Inhaltsseite angezeigt. Das Besondere, das vor allem auch die Mitarbeiter des Museums erstaunte, war, dass die Endredaktion der Beiträge erst vier Tage vor Ausstellungseröffnung erfolgte. Sie waren es von den zuvor verwendeten Katalogen gewohnt, dass die Texte Wochen vorher fertig sein mussten. Zudem wurden die fünf weiteren Sprachen erst nach und nach in das System eingespielt, so dass diese zur Eröffnung noch nicht final vorliegen mussten.

Dass die Lösungen von Tuomi von allen Generationen mit Begeisterung angenommen werden und sowohl Besucher als auch Mitarbeiter überzeugen, belegt der folgende Auszug aus der E-Mail einer Mitarbeiterin des Museums: „... Es kamen viele Besucher, die allesamt von der Ausstellung und dem Tablet-MediaGuide fasziniert waren. ... Die Tablets wurden gut angenommen, sowohl von Jung als auch Alt. Sogar einige ältere Damen mit Rollatoren verwendeten die Tablets, wobei die Nachfrage nach ‚Tablet-Halterungen' am Rollator aufkam ..."[109] Und schon ist wieder eine neue Innovationsidee geboren, um deren Umsetzung sich aber wohl ein anderes Unternehmen als Tuomi kümmern wird.

Eine von Wertschätzung geprägte Culture in der Tuomi-Community

Meinen ersten Kontakt mit Tuomi hatte ich nicht im Museum, sondern auf dem Deutschen Marketingtag, auf dem ich Johannes Roos, den Mitbegründer von Tuomi, kennenlernte. Nachdem er mir in Form eines „Elevator-Pitches" begeistert von den Leistungen von Tuomi berichtet hatte, gab er mir seine Visitenkarte, auf der nur das Logo und sein Name stand, die dafür aber mit seiner persönlichen mobilen Webvisitenkarte verlinkt war, mit Name, Kontaktdaten und allen wesentlichen persönlichen Informationen. Nach meinem erstaunten Blick über die „edle" Reduziertheit kam der prompte Kommentar: „Das ist die Visitenkarte des 21. Jahrhunderts. Diese NFC-Business-Card verbindet Tradition mit Innovation."

In der Tat eine zukunftsweisende Idee: Mit jeder Visitenkarte erhält der Kunde den Login zu einer mobilen Landing Page, in der jederzeit Daten geändert oder hinzufügt werden können. Mit wenigen Klicks wird die virtuelle Visitenkarte erstellt, gestaltet und verwaltet. Die NFC-Visitenkarte, die auf hochwertigem Papier gedruckt ist und sich kaum von einer „üblichen" Visitenkarte unterscheidet, verlinkt auf diese mobile Webseite. Inhalte können angezeigt oder vorgelesen werden, Videos abgespielt oder Kontakte angezeigt, verwendet oder gespeichert werden. Jede Visitenkarte kann auf eine andere Webseite verlinken oder einem bestimmten Event zugeordnet werden. So kann der Auftritt gegenüber den Kunden noch persönlicher inszeniert werden. Statistiken informieren in Echtzeit über die Nutzung der Visitenkarte durch die Besucher. Wird die einzelne Karte personalisiert, so kann der Ausgeber der Visitenkarte in Echtzeit über die Nutzung der Karte informiert werden.

Mit der teggee Landing-Page der Firma Eurobase GmbH lassen sich darüber hinaus auch Pressemappen, Geschäftsberichte, Produktinformationen und Präsentationen in sehr komfortabler Weise präsentieren und weiterreichen. Diese Funktionen stellt das Unternehmen für die NFC-Business-Card kostenfrei zur Verfügung. Die Karte ist kompatibel mit allen NFC-Smartphones und -Tablets, demnächst auch mit Apple-Produkten. Die nächste iPhone-Generation wird laut diversen Informationen auch über NFC verfügen.

Die x-clusiv MedienAgentur, Partner der ersten Stunde, gestaltet mit der NFC-Business-Card eigene individuelle und außergewöhnliche Kommunikationslösungen. Von der grafischen Gestaltung bis zur Visualisierung kreiert x-clusiv Visitenkarten, die etwas Besonderes sind. Mit NFC-Business-Cards lassen sich neue Ideen in der Kommunikation und im Design verwirklichen. Basierend auf dieser Idee wurden im Januar 2015 bereits die Pressemappen des Volkswagen-Konzerns auf der CES in Las Vegas mit NFC ausgestattet.

Da NFC, mobile Applikationen oder Cloud-Service professionellen IT-Service benötigen, wird dieser von Tuomi gleich mit angeboten. Mit 20 Jahren Erfahrung im Bereich Server und Vernetzung ist Tuomi für viele Unternehmen ein kompetenter Ansprechpartner.

Zu den Kunden zählen Unternehmen, die bereits über 17 Jahre auf die Dienstleistungen von Tuomi setzen. Über 500 User und 41 Abteilungen des Südwestfunks Baden-Baden nutzen bereits seit Jahren die FileSharing-Plattform von Tuomi, ein Gemeinschaftsprojekt mit der

Sygnomi GmbH aus Frankfurt. Dabei würdigen die Kunden vor allem den wertschätzenden Umgang miteinander. Dass Tuomi bei fast jedem Projekt in Vorleistung geht, um wirklich die bestmögliche Lösung für den jeweiligen Kooperationspartner zu entwickeln, ist nur ein Beleg dafür.

Der Erfolg der Projekte basiert auf einer verständlichen und transparenten Kommunikation unter den Kooperationspartnern.

Egal um welche Innovation es sich handelt, die Basis des Erfolgs sei eine stets verständliche und transparente Kommunikation mit Kunden und Partnern. Da ist sich Tuomi sicher. Deshalb werden Innovationen auch nur mit Unternehmen getätigt, mit denen die Chemie stimmt, die authentisch sind, die das gleiche Werteverständnis haben wie Tuomi.

Die Verbindung und Vernetzung dieser Kunden und Partner bringt sehr innovative Ideen hervor. Hierzu gehört auch die Kaffeetasse mit NFC-Chip. Sie kann als Visitenkarte oder zur Produktinformation überreicht werden. Mit dem integrierten NFC-Chip kann der Benutzer täglich aktualisierte Informationen abrufen. Produziert werden die Kaffeetassen, die mit dem NFC-Chip von Tuomi codiert sind, von der Firma Ebetshuber.

Die Verlinkung erfolgt auf die mobilen Seiten der Firma Eurobase, die eine eigene Plattform zur Erstellung mobiler Webseiten geschaffen hat. Peter Kühnel von Eurobase reichte dies jedoch nicht, er wollte sicherstellen, dass kein anderer aus seiner Tasse trinkt. Nichts leichter als das: Mit dem Framework von Tuomi wurde ein Workflow geschaffen, mit dem man bei der ersten Berührung seiner Tasse seinen Namen zuweisen kann. Danach ist die Tasse eindeutig gekennzeichnet. Beim nächsten Aufruf werden der Name des Tassenbesitzers und weiterhin die Angebote des Promotionartikels angezeigt.

Hier wurden Dynamik, Phantasie und Promotion in einem Artikel umgesetzt. Ein ähnliches Beispiel sind Untersetzer aus Schiefer, die Winzer mit ihrer Weinkarte an Kunden weitergeben können. Intuitiver kann Kommunikation heute nicht mehr sein.

So werden aus Kooperationspartnern Vertriebsmitarbeiter in Form von echten Markenbotschaftern.

Aufgrund der sehr guten Zusammenarbeit mit Tuomi und der überzeugenden Innovationen werden die Kooperationspartner selbst zu einem motivierten Vertriebsteam, das für Tuomi zahlreiche neue Projekte akquiriert. Die Kunden sind von den Leistungen des Unternehmens überzeugt und werden zu leidenschaftlichen Markenbotschaftern von Tuomi.

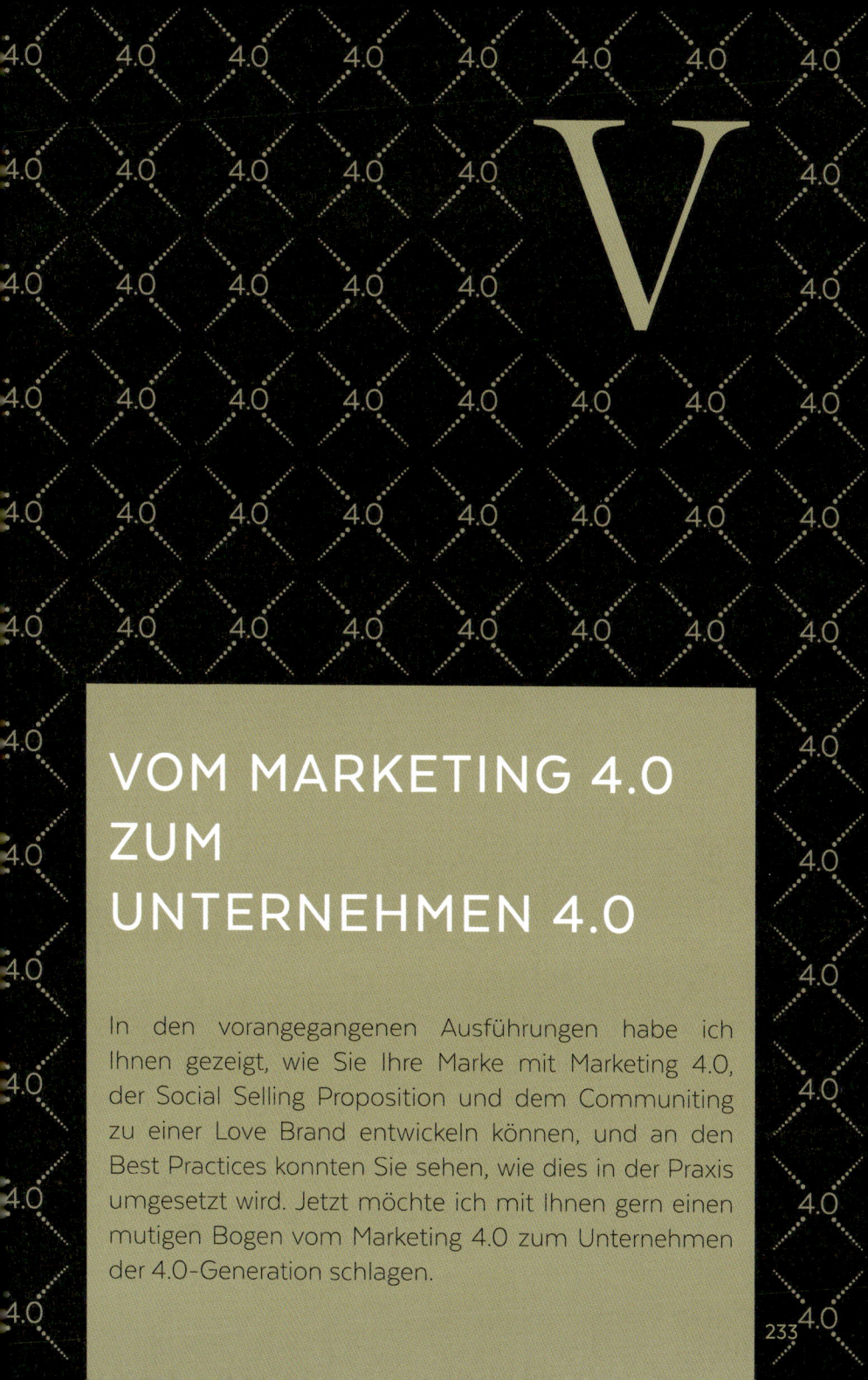

VOM MARKETING 4.0 ZUM UNTERNEHMEN 4.0

In den vorangegangenen Ausführungen habe ich Ihnen gezeigt, wie Sie Ihre Marke mit Marketing 4.0, der Social Selling Proposition und dem Communiting zu einer Love Brand entwickeln können, und an den Best Practices konnten Sie sehen, wie dies in der Praxis umgesetzt wird. Jetzt möchte ich mit Ihnen gern einen mutigen Bogen vom Marketing 4.0 zum Unternehmen der 4.0-Generation schlagen.

Dr. Dr. Cay von Fournier

Dr. Dr. Cay von Fournier ist Arzt, Unternehmer, Erfolgsautor und ein renommierter Experte auf dem Gebiet der wirksamen Unternehmensführung, nachhaltigen Veränderung, Kundenbegeisterung und Mitarbeitermotivation. Er studierte in Deutschland, Neuseeland und den USA. Mit 22 Jahren gründete er sein erstes Unternehmen und erhielt 1994 den Management-Preis „UnternehmerEnergie" des Schmidt-Colleg. Er promovierte in Medizin an der Humboldt-Universität in Berlin und arbeitete als Facharzt für Chirurgie. Nach seinem Wechsel zum Manager der Unternehmensberatung Accenture promovierte er an der TU Dresden in Wirtschaftswissenschaften. Seit 2002 ist Cay von Fournier Inhaber des SchmidtColleg und Autor des Seminars UnternehmerEnergie. Mit dem Buch „UnternehmerEnergie" bekam er 2011 den Trainerbuchpreis. Er ist Jurymitglied bei „Top 100 – innovative Unternehmen" und Mitglied in der Ludwig-Erhard-Preis-Initiative. Seine Leidenschaft gehört den exzellenten Unternehmen des Deutschen Mittelstands, von denen er zahlreiche trainiert und berät. In seinen Vorträgen begeistert er authentisch durch Wissen, Humor und Praxis anhand konkret umsetzbarer Beispiele.

Bei den vielen inspirierenden Diskussionen mit Dr. Silvia Danne zu einigen Kernthesen dieses Buches sind mir auch all die anderen Themen der Unternehmensführung durch den Kopf gegangen, die sich derzeit in einem ähnlich radikalen Wandel befinden. So wie sich die Autorin dieses Buches über die Zukunft des Marketing Gedanken macht und ihr diese am Herzen liegt, so geht es mir mit der erfolgreichen Gestaltung von Unternehmen in der Zukunft. Wahrscheinlich können wir noch gar nicht absehen, in welchem Ausmaß die Transformation stattfinden wird, aber es scheint so, dass wir uns im bisher größten Umbruch der Wirtschaftsgeschichte befinden. Unternehmen können sich hier nicht nur neu positionieren oder neu erfinden, sie müssen es und zwar sehr schnell. Ob es dabei gelingen wird, sowohl die Mitarbeiter als auch die Führungskräfte ins Boot zu holen, liegt an dem Führungswillen und der Führungsstärke von Unternehmerinnen, Unternehmern sowie der zentralen Führungskräfte, die ein Unternehmen substanziell und radikal verändern können. Nach meiner Erfahrung wird es einfacher sein, die Mitarbeiter für die Reise zu gewinnen und die Führungskräfte fit für die Zukunft zu machen. Viel schwieriger wird es sein, die Haltung von Unternehmern und verantwortlichen Managern zu revolutionieren sowie deren Denken und Handeln zu ändern. So war es bisher immer in Umbruchsituationen: Viele Unternehmen scheiterten an ihrem eigenen Denken.

Alles verändert sich gerade grundlegend und das drückt die Version „4.0" auch aus. Ob wir nun das Marketing oder das Management betrachten oder Führung, Strategie, Organisation, Qualität und das Verkaufen als ein Element der kundenorientierten Unternehmensführung: Alle diese Themen verändern sich gerade und sind Elemente einer ganzheitlichen Unternehmensführung. Ich nenne es gerne das Unternehmen 4.0, in dem alle diese Veränderungen stattfinden.

Die  **4.**

Transformation

Wirtschaft und Gesellschaft befinden sich derzeit in einer Transformationsphase. Es geht bei dem Wandel von der Informationsgesellschaft zur Bewusstseinsgesellschaft nicht um noch mehr Wissen. Vielmehr geht es darum, dass die Menschen in ihrer Realität und ihrem Alltag mit dem explodierenden Wissen nicht mehr Schritt halten können. Und somit wird etwas anderes viel wichtiger: die Anwendung des Wissens und die konsequente Umsetzung von Erkenntnissen. Das steckt hinter der derzeitigen Transformation von einer Gesellschaftsform in die andere und von einer Art der Unternehmensführung in eine neue, ganzheitliche und werteorientierte Form. Für diese Transformation steht das „4.0", quasi für das Transformationsziel und auch für den Weg dorthin, den Transformationsprozess.

Bei dem Thema Ganzheitlichkeit geht der „4.0-Gedanke" bereits los. Alles ist miteinander verbunden. Nicht nur die Maschinen, deren Verbindung über das Internet als Industrie 4.0 beschrieben wird. Industrie 1.0 bezeichnete die Einführung der Maschinen selbst. Die große Transformation kam mit dem elektrischen Strom. Dieser führte zur Industrie 2.0, in der die Dampfmaschinen Strom erzeugten und die Produktionsmaschinen wesentlich kleiner wurden. Mit dem Computer wurde die Industrie 3.0 zum Leben erweckt. Die Vernetzung der Computer durch das Internet führt nun zur Industrie 4.0, in der nicht nur die Maschinen „klüger" werden, sondern ganze Fabriken. Lag noch vor 200 Jahren der Beginn der industriellen Revolution in der Erfindung der Maschinen selbst, so bedeutet die aktuelle industrielle Revolution die Verbindung derselben Maschinen zu einer Gemeinschaft von Maschinen, die so zu einer intelligenten Fabrik (Smart Factory) werden. Diese neue Fabrik zeichnet sich aber nicht nur durch das „Internet der Dinge" (der Maschinen) aus, sondern auch durch das Netzwerk von Kunden, Geschäftspartnern und Mitarbeitern. Communiting ist somit eine ganzheitliche Entwicklung.

Über die Gestaltung von Wandel (Change Management) wurde bereits viel geschrieben, aber hierbei handelt es sich immer um den Wandel innerhalb eines Paradigmas, eines Denksystems. Dieser Wandel entspricht einer Evolution, bei der Vorhandenes permanent besser wird. Bei der Änderung eines Paradigmas geht es dagegen um eine Revolution im Sinne einer massiven Innovation des Denksystems. Alte Konzepte und auch Werkzeuge greifen hier nicht mehr. Das Denksystem verändert sich und die Frage ist, ob wir überhaupt in der Lage sein werden, diese Transformation in der nötigen Geschwindigkeit zu bewältigen.

„Es ist keine Frage mehr, ob Sie sich verändern müssen;
die einzige Frage ist, ob Sie schnell genug sein werden!"

Vielleicht gilt jetzt folgende sinnvolle Erweiterung:

„Es ist nicht nur eine Frage, ob wir uns schnell verändern können,
sondern ob wir die grundlegende Transformation meistern werden."

Die 4.0-Transformation steht daher für ein neues Bewusstsein, ein neues Denken und auch für die Grundlage eines neuen Handelns. Es geht um den Sinn: Wie sinnvoll ist Wirtschaft? Was ist der Sinn des Managements? Welchen Sinn bietet eine Marke? Wie findet sinnorientierte Führung statt? Was ist der Sinn von Qualitätsmanagement? Wonach richtet sich werteorientiertes Verkaufen? Sehr viele Fragen stehen derzeit im Raum.

Management und Führung der Zukunft

Zwischen den vielen Versionsnummern ist derzeit quasi ein Wettbewerb entbrannt. Was gestern noch 2.0 war, wurde sehr schnell zu 3.0 und nun Industrie 4.0. Es wurden einige Gedanken investiert, diese aktuelle Version 4.0 in allen Dimensionen herzuleiten. Beginnen wir konkret mit der Sicht auf die Transformation des Managements.

	Management 1.0	Management 2.0	Management 3.0	Management 4.0
PRIORITÄT	1. Gewinn 2. Wert 3. Strategie 4. Kunde 5. Struktur 6. Mitarbeiter 7. Werte	1. Kunde 2. Gewinn 3. Struktur 4. Strategie 5. Mitarbeiter 6. Wert 7. Werte	1. Mitarbeiter 2. Werte 3. Kunde 4. Struktur 5. Strategie 6. Gewinn 7. Wert	1. Werte 2. Mitarbeiter 3. Kunde 4. Strategie 5. Struktur 6. Gewinn 7. Wert
FOKUS	EVA · Gewinn · Wachstum · Risiko · Gewinn	Qualitäts-management · Kundennutzen · Prozesse · Qualität	Führung · Mitarbeiter-nutzen · Stärkenorien-tierung · Kultur	Sinn · Persönlichkeit · Verantwortung · Gemeinschaft
DENKMODELL	Shareholder Value	Customer Value	Employer Value	Community Value

© von Fournier

Anhand der vorangegangenen Grafik wird deutlich, wie sich das *Management* entwickelt hat bzw. entwickeln wird. In den 80er-Jahren des letzten Jahrhunderts ging es mit dem Shareholder-Value-Gedanken los. Alfred Rappaport prägte den eigentlichen Begriff im Jahre 1986 und der berühmt-berüchtigte CEO Jack Welch war einer der bekanntesten Anhänger und Anwender. Eben dieser Jack Welch bezeichnete jedoch im Jahre 2009 genau diesen Management-1.0-Ansatz als „dumme Idee". Deutlicher kann die Entwicklung im Management kaum beschrieben werden. Nachdem jedoch über Jahrzehnte die Unternehmen auf Gewinn, Wachstum und Risikomanagement getrimmt wurden, änderte sich dies in den letzten zwei Jahrzehnten. Der Kunde rückte in das Zentrum der Unternehmensführung und mit ihm die angestrebte Qualität (Management 2.0). Qualitätsmanagement war ein großes Thema in den 90er-Jahren und ist es bis zum heutigen Tag geblieben. Daher sind die sieben Faktoren immer schon wesentliche Faktoren der Unternehmensführung gewesen und bleiben es auch. Die Priorisierung ist jedoch entscheidend und prägt das Denken der jeweiligen Managementschule.

In den letzten Jahren liegt der Fokus des Managements auf einem weiteren wesentlichen Faktor, da dieser zunehmend Mangelware wird: der Faktor Mensch = Mitarbeiter. Die Zukunft eines Unternehmens wird sich nicht auf dem Kundenmarkt entscheiden, sondern auf dem Mitarbeitermarkt, der die Existenz des Unternehmens bestimmt. Aktuell sind wir beim Management 3.0 und es ist von vielen Unternehmen sehr klug, sich auch zu einer Mitarbeitermarke zu entwickeln. Der Trend des Communiting wird sich über das Marketing hinaus auch auf das Management übertragen. Unternehmen werden ebenfalls immer mehr zu Gemeinschaften und die Manager der Zukunft müssen nicht nur Social Media kennen, sondern immer besser das Social Management beherrschen. In Zukunft werden gute Mitarbeiter Mangelware sein und der Employer Value trägt dazu bei, dass Unternehmen die besten Mitarbeiter gewinnen können. Dann gilt es aber auch, diese Mitarbeiter zu halten und vor allem das Potenzial des vorhandenen Teams zu entfalten. Daher wird das Communiting im Management durch den Community Value ausgedrückt: Wie wertvoll wird die Gemeinschaft sein, die ein Unternehmen bildet? Die Fähigkeiten, die zukünftige Manager brauchen, werden andere sein, alte Methoden werden immer wirkungsloser. Ein sehr schnelles und gründliches Umdenken im Management ist also erforderlich.

Gehen wir vom Management direkt über zum Thema *Führung*, eine der wichtigsten Kompetenzen bei der Gestaltung der Zukunft. Führung wurde in den letzten Jahren zur „dienenden Führung" und orientierte sich an den Stärken der Menschen, die geführt werden. Moderne Führung zeichnet sich durch Wertschätzung und Achtsamkeit aus und bleibt dabei dennoch leistungsorientiert. Mehrere Dimensionen an Motiven unter einen Hut zu bekommen, ist die zentrale Herausforderung der aktuellen Führung 3.0. Um die Weiterentwicklung in 4.0 zu verstehen, soll folgende Aufstellung helfen:

	1.0	**2.0**	**3.0**	**4.0**
MANAGEMENT	Shareholder Value	Customer Value	Employer Value	Community Value
STRATEGIE	Externe Chancen = Wachstum	Interne Stärken = Qualität	Balance von internen und externen Stärken	Werte Vermittlung
VERKAUF	Volumen	Qualität & Nutzen	Emotionen & Vertrauen	Werte & Gemeinschaft
MARKETING	Produktorientiert Product-Marketing	Kundenorientiert Clienting	Netzwerkorientiert Networking	Gemeinschaftsorientiert Communiting
FÜHRUNG	Hirarchie Autorität Anweisung	Hirarchie Partizipativ Aufgabe	Team-orientiert Demokratisch Kreativität	Gemeinschaft Freundschaftlich Werte-orientiert
	70er-/80er Jahre	80er-/90er Jahre	2000–2015	2015+

© von Fournier

Nachdem es bereits einen intensiven Wandel hinsichtlich der Führungs-kompetenzen gab, sind die Erfolge sehr gut sichtbar. Aus Mitarbeitern wurden Teams und durch ein demokratisches Bewusstsein wurde die Kreativität gesteigert, die eine grundlegende Voraussetzung für Innova-tionen ist. Das macht derzeit auch den Deutschen Mittelstand stark, die Kombination der Werte Freiheit, Verantwortung, Kreativität und Inno-vation. Bei Führung 4.0 tritt der Gemeinschaftsgedanke noch stärker in den Vordergrund: Jeder übernimmt eigenständig Verantwortung und setzt seine Leistungsfähigkeit möglichst effektiv für das Unternehmen ein. Eine intensive Kulturarbeit (= gelebte Werteorientierung) wird dabei sehr wichtig werden, um die Strömungen, die in einem Unternehmen gegeneinander existieren, aufzulösen. Die Gemeinschaft innerhalb einer Firma wird die Antwort auf das Abteilungsdenken der Vergangenheit sein. Führung muss in diesem Umfeld neu definiert werden. Führung 4.0 wird mehr und mehr zu einer Wertevermittlung und basiert dabei auf den Werten, die dazu geeignet sind, eine Gemeinschaft zu stärken (Vertrauen, Wertschätzung, Fairness, ...). Das gesamte Team eines Unternehmens versteht sich somit als Gemeinschaft und der Wunsch, dazuzugehören, wirkt eigens motivierend.

Strategie und Verkauf 4.0

Auch die *Strategie* eines Unternehmens wird sich ändern. Letztlich soll eine gute Strategie ein Muster sein, mithilfe dessen Entscheidungen getroffen werden können. Dieses Muster sollte Aussagen darüber erleich-tern, was das Unternehmen in Zukunft anbieten möchte und was nicht, welche Kunden zu der Gemeinschaft gehören sollten und welche nicht. Jede Gemeinschaft definiert sich über gemeinsame Werte. Und damit sind wir direkt bei der neuen Form der Strategie. Bisher begann jede Stra-tegieentwicklung bei der Vision des Unternehmens, bei dessen Leitbild. Und dieses Leitbild besteht aus Werten, die zu dem Fundament einer Gemeinschaft werden, zu der Kunden (= Marketing 4.0) ebenso gehören wie das Team eines Unternehmens (= Führung 4.0).

Die Strategie (1.0), als sie als Disziplin entstand, bewegte sich primär auf Wachstumsmärkten. Wollte ein Unternehmen hier zum Kostenführer werden, zielte es in erster Linie auf Wachstum ab (Shareholder-Value-Ansatz). In der nächsten Phase der Strategieentwicklung richtete sich das Augenmerk nach innen, auf die eigenen Stärken und Kompetenzen: Wie wird ein Unternehmen schneller und besser, wie baut es seine interne Stärke auf? Diese Fragen prägten die Strategie 2.0, die in dieser Form noch in sehr vielen Unternehmen gelebt wird. Die wirkliche Revolution in der Strategieentwicklung (3.0) kam durch die Kombination beider Sichtweisen. Nun wurden Unternehmen nach innen stark (indem sie ihre Kosten reduzierten) und nach außen attraktiver (indem sie dabei noch ihre Margen erhöhten). Die konsequente Weiterentwicklung führt bei dieser Balance zwischen innen und außen über die Gemeinschaft der Kunden, denen echte Werte angeboten werden sollen. Das wird zu einem neuen Element der Strategie.

Gehen wir über zum *Verkauf:* Das ursprüngliche Verkaufen hat sehr viel mit Volumen zu tun und damit auch mit einem quantitativen Vorgehen. Je mehr Kontakte ich habe, desto mehr Verkaufsbotschaften kann ich senden und desto mehr „Abschlüsse" werde ich tätigen. So funktioniert das Verkaufen seit vielen Jahrzehnten bis zum heutigen Tag und wird in Teilen auch weiter so funktionieren. In Form der Kundenorientierung gesellte sich zu der Version 1.0 eine zusätzliche qualitative Komponente (2.0), die bewirkte, dass nun auch der Nutzen für den Kunden wirklich im Vordergrund stand. Was hat der Kunde von dem Produkt, das ich im Angebot habe? Die aktuelle 3.0-Version arbeitet viel mehr mit Werten, allen voran dem Wert Vertrauen. Die emotionale Beziehung zwischen Käufer und Verkäufer wurde immer wichtiger und wirksamer.

Verkaufen in der Version 4.0 wird netzwerk- und damit auch gemeinschaftsorientiert sein. Die Vermittlung von Werten wird immer wichtiger werden, ebenso die Pflege einer Gemeinschaft. Der Vertriebsmitarbeiter von früher hat jetzt eher eine moderierende Rolle in einer Gemeinschaft. In dieser Rolle spricht er quasi nebenbei Kaufeinladungen aus.

Die
Zukunft
von Marketing

und Management

Wenn die Gemeinschaft der Kunden, aber auch von Mitarbeitern untereinander immer stärker wird und wenn sowohl Werte als auch der Sinn in der Wirtschaft eine immer größere Rolle spielen, so werden sich Marketing und Management sehr intensiv verändern. Alte Methoden waren zu ihrer Zeit sehr wirksam und hatten Anteil an der permanenten Weiterentwicklung. Die Zukunft des Managements wird davon abhängig sein, wie gut es Gemeinschaften gelingen wird, ganze Organisationen zu verändern – angefangen bei einem Unternehmen bis hin zu einem ganzen Staat, ja vielleicht sogar einem ganzen Kontinent. Das Wirtschaftssystem muss dabei ebenso reformiert werden wie das ganze Gesellschaftssystem. Die Zukunft ist immer ungewiss und wird es auch bleiben. Die optimistische Vision ist, dass das hier beschriebene Communiting weitergeht und Gemeinschaften sowie deren Dynamik über Marken und auch über Management entscheiden werden. Umso wichtiger werden die Kompetenzen, die solche Gemeinschaften fördern und dabei helfen, sie auszubauen. Alles, was wir über Social Media wissen, ist noch keine zehn Jahre alt. Derzeit entwickelt sich dieses Wissen mit exponentieller Beschleunigung. Der Wunsch bleibt, dass die Gesellschaft sich zu einer freien, fairen und mündigen Gemeinschaft weiterentwickelt.

In einer immer transparenter werdenden Welt laufen Unternehmen Gefahr, ihre Glaubwürdigkeit zu verlieren, so wie Marken dann das Vertrauen der Konsumenten verspielen würden. Dies geht heute viel schneller als früher. Daher sind Werte wie Freiheit, Verantwortung, Vielfalt und Toleranz, Achtsamkeit, Sympathie und Anstand so wichtig. Sie prägen nicht nur eine neue Art von Unternehmen und Marken, sondern sie werden vielmehr zu den Wettbewerbsfaktoren der Zukunft. Denn wenn Communiting die Menschen zusammenbringt, so werden es diese Werte sein, die diese Menschen und diese Gemeinschaften auch zusammenhalten.

Was Marken stark machen wird

Diese Publikation setzt mit dem Communiting und dem Social Selling Proposition Zeichen, wohin sich Marken entwickeln und wie wichtig es ist, zu einer Kundenmarke zu werden – einer Love Brand. Vielleicht wird sich eines Tages der Social Selling Proposition (SSP) zu einem ethischen und werteorientierten Value Selling Proposition weiterentwickeln. Die Wirtschaft, wie wir sie heute kennen, ist noch sehr geprägt von den Ausläufern des Management 1.0 und auch des Marketing 1.0. Weder für Unternehmen noch für unsere Gesellschaft sind dabei besonders nachhaltige Werte geschaffen worden, sondern viele Probleme entstanden. Eine Love Brand wird nur langfristigen Bestand haben, wenn die Erfüllung der Markenversprechen auf Anstand, Fairness und Nachhaltigkeit beruht. Sonst werden starke Marken und auch scheinbare Gemeinschaften schnell vergehen.

Wahrhaft gelebte Werte machen daher Marken und Gemeinschaften heute stark und werden dies auch in Zukunft tun. Umso wichtiger ist es, dass sich alle Menschen in einem Unternehmen mit den Marken identifizieren können, für die das Unternehmen steht. So beginnt Communiting mit der eigenen Wertegemeinschaft für die eigene Marke. Wenn es Unternehmen durch eine gelebte Vision und gute Führung gelingt, diese eigene Gemeinschaft aufzubauen, so wird diese auch auf die Kunden ausstrahlen und eine Gemeinschaft rund um die eigene Love Brand aufbauen.

Das Unternehmen nach 4.0

Das Unternehmen der Zukunft wird eine autonome Gemeinschaft sein, die innerhalb eines Wertesystems jeden Tag einen Beitrag leistet, dieser Gemeinschaft einen großen Nutzen zu bieten. Da die Gemeinschaft aus den Gesellschaftern, Führungskräften, Mitarbeitern und Kunden besteht, wird sich die frühere Dilemma-Situation auflösen, dass Unternehmen stets zwischen verschiedenen Interessen entscheiden mussten. Sie waren sehr unternehmensorientiert oder eher mitarbeiterorientiert oder eben kunden-orientiert. Dieses „Oder" löst sich in einer Gemeinschaft auf zu einem „Und". Dies wird die ganz große Errungenschaft zukünftiger Unternehmen sein: das „Oder" gegen das „Und" einzutauschen. Jedem ist bewusst, dass ein Unternehmen Gewinne erwirtschaften muss, um gesund weiter wachsen zu können. Aber allen Unternehmern und „Investoren" sei an dieser Stelle auch gesagt, dass es neben einem Zuwenig auch ein Zuviel gibt. Und leider haben viele Verantwortliche in der Wirtschaft (auch in der Gesellschaft) das richtige Maß verloren. Grenzenloses Wachstum ist ebenso ungesund wie Stillstand. Wirtschaft braucht daher wieder Werte.

Ebenso wichtig wird es sein, dass ein Unternehmen sehr mitarbeiterori-entiert ist. Aber auch hier gibt es ein richtiges Maß. Ich halte die Tendenz für sinnvoll, dass Unternehmen darüber nachdenken, wie sie ihre Mitar-beiter glücklich machen können. Aber Unternehmen können auch mit lauter glücklichen Menschen Pleite gehen. Ein Unternehmen bietet Leis-tungen, Werte, Service, Emotionen, Produkte und Erlebnisse rund um eine Marke. Es schafft eine langfristige Love Brand dann, wenn es ihm gelingt, eine Gemeinschaft um seine Marke aufzubauen und zu erhalten. Dies funktioniert durch gelebte Werte. *Je weiter sich unser Bewusstsein entwickelt, desto ethischer werden diese Werte. Vielleicht kann so der Grundstein „des ewigen Friedens" gelegt werden, von dem bereits Kant träumte. Und wenn Marken erst rational waren, dann emotional, jetzt sozial, dann werden sie in der Zukunft vielleicht sogar einen philosophi-schen Sinn für eine Gemeinschaft darstellen. Das ist dann das Commu-niting der Zukunft.*

Literaturverzeichnis

- Aaker, David A./Joachimsthaler, Erich: **Brand Leadership. Die Strategie für Siegermarken,** Financial Times Prentice Hall 2000

- Backhaus, Klaus/Voeth, Markus: **Industriegütermarketing,** 10. Aufl., Vahlen 2014

- Berndt, Jon Christoph/Henkel, Sven: **Brand New. Was starke Marken heute wirklich brauchen,** 2. Aufl., Redline 2014

- Bittner, Gerhard/Schwarz, Elke: **Emotion Selling,** Springer Gabler 2014

- Brand, Heiner/Löhr, Jörg: **Projekt Gold. Wege zur Höchstleistung. Spitzensport als Erfolgsbeispiel,** Gabal 2008

- Bruhn, Manfred (Hrsg.): **Handbuch Markenartikel** (Bd. 2), Schäffer-Poeschel 1994

- Erdmann, Wilfried/Moser, Achill: **Von der Wüste und vom Meer. Zwei Grenzgänger, eine Sehnsucht,** Hoffmann und Campe 2012

- Fog, Klaus/Budtz, Christian/Yakaboylu, Baris: **Storytelling. Branding in Practice,** Springer 2004

- Frenzel, Karolina/Müller, Michael/Sottong, Hermann: **Storytelling. Das-Harun-al-Raschid-Prinzip. Die Kraft des Erzählens fürs Unternehmen nutzen,** Hanser 2004

- Gutjahr, Gerd: **Markenpsychologie. Wie Marken wirken. Was Marken stark macht,** Gabler Verlag 2011

- Häusel, Hans-Georg (Hrsg.): **Neuromarketing: Erkenntnisse der Hirnforschung für Markenführung, Werbung und Verkauf,** 2. Aufl., Haufe 2012

- Häusel, Hans-Georg: **Brain View. Warum Kunden kaufen,** 3. Aufl., Haufe 2012

- Häusel, Hans-Georg: **Emotional Boosting: Die hohe Kunst der Kaufverführung,** 2. Aufl., Haufe 2012

- Herbst, Dieter: **Storytelling,** UVK-Verlagsgesellschaft 2014

- Horx, Matthias: **Sensual Society. Die neuen Märkte der Sinn- und Sinnlichkeitsgesellschaft,** 2003

- Jung, Holger/von Matt, Jean-Remy: **Momentum. Die Kraft, die Werbung heute braucht,** Lardon Verlag 2011

- Kotler, Philip/Kartajaya, Hermanwan/Den Huan, Hooi/Lu, Sandra: **Rethinking Marketing: Sustainable Marketing Enterprise in Asia,** Pearson Education Asia, 2002

- Kotler, Philip/Kartajaya, Hermawan/Setiawan, Iwan: **Die neue Dimension des Marketings – vom Kunden zum Menschen,** Campus 2010

- Kroeber-Riel, Werner: **Bildkommunikation. Imagerystrategien für die Werbung,** Vahlen 1995

- Maiwald, Stefan: **Golf,** dtv 2006

- McCarthy, Jerome: **Basic Marketing: A Managerial Approach.** Richard D. Irwin, Inc. 1960

- Meffert, Heribert (Hrsg.): **Erfolgreich mit den Großen des Marketing,** Campus 2009

- Meffert, Heribert/Burmann, Christoph/Kirchgeorg, Manfred: **Marketing. Grundlagen marktorientierter Unternehmensführung,** 11. Aufl., Gabler 2011

- Perrey, Jesko/Meyer, Thomas: **Mega-Macht Marke, McKinsey Perspektiven,** Redline Wirtschaft, 3. Aufl. 2010

- Reeves, Rosser: **Reality in Advertising,** Knopf 1961

- Ries, Al/Trout, Jack: **Positioning. The Battle for your Mind,** McGraw-Hill 2001

- Roberts, Kevin: **Lovemarks. The Future beyond Brands,** powerHouse Books 2005

- Roberts, Kevin: **The Lovemarks Effect. Winning the Consumer Revolution,** powerHouse Books 2006

- Scheier, Christian/Held, Dirk: **Was Marken erfolgreich macht. Neuropsychologie in der Markenführung,** Haufe 2012

- Schultz, Howard/Yang, Dori Jones: **Die Erfolgsgeschichte Starbucks. Eine trendige Kaffeebar erobert die Welt,** Signum Wirtschaftsverlag 2003

- Simon, Hermann (Hrsg.): **Wettbewerbsvorteile und Wettbewerbsfähigkeit,** Schäffer 1988

- Simoudis, Georgios: **Storytising. Geschichten als Instrument erfolgreicher Markenführung,** Sehnert Verlag 2004

- von Fournier, Cay/Danne, Silvia: **Anders und nicht artig. Neue Wege der Unternehmenspositionierung,** 2. Aufl., Linde 2014

- von Fournier, Cay: **Die 10 Gebote für ein gesundes Unternehmen – Wie Sie langfristigen Erfolg schaffen,** 2., erweiterte Aufl., Campus, 2010

- von Fournier, Cay: **UnternehmerEnergie. Die Praxis der Unternehmensführung,** Gabal 2011

- Wala, Hermann: **Meine Marke: Was Unternehmen authentisch, unverwechselbar und langfristig erfolgreich macht,** Redline 2014

Fußnotenverzeichnis

1   Das persönliche Gespräch mit Florian Langenscheidt fand in Bayreuth statt. Im Buch bin ich auch auf einige seiner zahlreichen Reden eingegangen, u.a. auf die Rede „Nomen est Marke" auf dem Unternehmer-Erfolgsforum auf Schloss Bensberg, in der er das Besondere an Marken aufzeigte.

2   Die Flügel, die Red Bull angeblich verleiht, wurden jedoch im Herbst 2014 in den USA gestutzt. Wegen dem „irreführenden Werbespruch" „Red Bull verleiht Flügel" wurde Red Bull im Oktober 2014 vor einem New Yorker Gericht verklagt. In einem gerichtlichen Vergleich stimmte Red Bull zu und zahlte dem Kläger 13 Millionen Dollar Schadenersatz. Vgl. Manager Magazin, 8. Oktober 2014 (www.manager-magazin.de/lifestyle/artikel/red-bull-verleiht-doch-keine-fluegel-vergleich-in-den-usa-a-996039.html).

3   absatzwirtschaft: Duell der Marken, 27. März 2015, www.absatzwirtschaft.de.

4   Grimes, Anthony: Are we Listening or Learning? Understanding the Nature of Hemispherical Lateralisation and its Application to Marketing, in: International Journal of Market Research, 2006, Vol. 48, No. 4 (S. 439–458); Kenning, Peter/Plassmann, Hilke/Ahlert, Dieter: Consumer Neuroscience – Implikationen neurowissenschaftlicher Forschung für das Marketing, in: Marketing Zeitschrift für Forschung und Praxis, 29. Jg., 2007, Nr. 1, S. 56 f. (55–66); Bielefeld, Klaus W.: Neurowissenschaft und Neuromarketing – was ist das? Auf Zielgruppen-Suche auch im kleinsten Raum, in: Werbung und Verkaufen, 2011, Nr. 28 (S. 41–43).

5   Häusel, Hans-Georg: Limbic. Die Emotions- und Motivwelten im Gehirn des Kunden und Konsumenten kennen und treffen, in: Häusel, Hans-Georg (Hrsg.): Neuromarketing: Erkenntnisse der Hirnforschung für Markenführung, Werbung und Verkauf, 2. Aufl., Freiburg 2012. Häusel, Hans-Georg: Brain View. Warum Kunden kaufen, 3. Aufl., Freiburg 2012.

6   Häusel, Hans-Georg (Hrsg.): Neuromarketing: Erkenntnisse der Hirnforschung für Markenführung, Werbung und Verkauf, 2. Aufl., Freiburg 2012, S. 76f.

7   Häusel, Hans-Georg: Emotional Boosting: Die hohe Kunst der Kaufverführung, 2. Aufl., Freiburg 2012, S. 71ff.

8   Roberts, Kevin: Lovemarks. The Future beyond Brands, New York 2005. Roberts, Kevin: The Lovemarks Effect. Winning the Consumer Revolution, New York 2006.

9   Langner, Tobias/Fischer, Alexander/Kürten, Dennis: The nature of brand Love: Results from two exploratory studies, in: Proceedings of the 8th ICORIA, Klagenfurt 2009.

10 Maiwald, Stefan: Golf, dtv 2006, S. 7.

11 Brand, Heiner/Löhr, Jörg: Projekt Gold. Wege zur Höchstleistung. Spitzensport als Erfolgsbeispiel, Gabal 2008, S. 34.

12 Erdmann, Wilfried/Moser, Achill: Von der Wüste und vom Meer. Zwei Grenzgänger, eine Sehnsucht, Hoffmann und Campe 2012.

13 www.faz.net/aktuell/beruf-chance/mein-weg/james-dyson-der-koenig-der-fehlschlaege-11677483.html.

14 Auszug aus der Rede von Florian Langenscheidt „Vom Glück des Gründens" anlässlich der Preisverleihung „Entrepreneur des Jahres 2013" am 19. September 2013 in der Alten Oper Frankfurt.

15 www.children.de.

16 Schultz, Howard/Yang, Dori Jones: Die Erfolgsgeschichte Starbucks. Eine trendige Kaffeebar erobert die Welt, Signum Wirtschaftsverlag 2003, S. 90.

17 Vgl. von Fournier, Cay: UnternehmerEnergie, Gabal 2011, S. 58ff.

18 Vgl. Meffert, Heribert/Burmann, Christoph/Kirchgeorg, Manfred: Marketing. Grundlagen marktorientierter Unternehmensführung, 11. Aufl., Gabler 2011, S. 363.

19 von Fournier, Cay: UnternehmerEnergie, Seminarunterlagen.

20 Schultz, Howard/Yang, Dori Jones: Die Erfolgsgeschichte Starbucks. Eine trendige Kaffeebar erobert die Welt, Signum Wirtschaftsverlag 2003.

21 Smartphones kratzen an Milliarden-Absatz, online unter: www.focus.de/digital/computer/marktforscher-smartphones-kratzen-an-milliarden-absatz_aid_918859.html.

22 Scheier, Christian/Held, Dirk: Was Marken erfolgreich macht. Neuropsychologie in der Markenführung, München 2012, S. 85.

23 Scheier, Christian/Held, Dirk: Was Marken erfolgreich macht. Neuropsychologie in der Markenführung, München 2012, S. 89ff.

24 brand eins Mediadaten 2012.

25 Jung, Holger/von Matt, Jean-Remy: Momentum. Die Kraft, die Werbung heute braucht, Lardon Verlag 2011, S. 21.

26 Das persönliche Gespräch mit Jean-Remy von Matt fand in Hamburg in den Büroräumlichkeiten seiner Agentur „Jung von Matt" statt.

27 www.bigthink.com/overthinking-everything-with-jason-gots/your-storytelling-brain

28 Gutjahr, Gerd: Markenpsychologie. Wie Marken wirken. Was Marken stark macht, Gabler Verlag 2011, S. 152.

29 Herbst, Dieter: Storytelling, UVK-Verlagsgesellschaft 2014.

30 Simoudis, Georgios: Storytising. Geschichten als Instrument erfolgreicher Markenführung, Sehnert-Verlag 2004.

31 www.wuv.de/marketing/porsche_startet_3d_kampagne_fuer_den_neuen_911.

32 www.brandeins.de/magazin/das-marketing-ist-tot-es-lebe-das-marketing/das-ungeschriebene-buch.html.

33 Eichstädt, Björn: Powerpizza statt Powerbook. Ein Interview mit Betriebswirtschaftler Franz Liebl, in: brand eins, 9/2005.

34 Fog, Klaus/Budtz, Christian/Yakaboylu, Baris: Storytelling. Branding in Practice, Springer 2004.

35 Frenzel, Karolina/Müller, Michael/Sottong, Hermann: Storytelling. Das-Harun-al-Raschid-Prinzip, München 2004, S. 138.

36 Arvidsson, Adam: Brand Value, in: Journal of Brand Management, Vol. 13/2006, No. 3, S. 188-192.

37 Hellmann, Kai-Uwe: Wert und Werte einer Marke. Oder was Compliance Management und Markenführung gemeinsam haben. Online unter: www.markeninstitut.de/fileadmin/user_upload/dokumente/Wert%20und%20 Werte%20einer%20Marke.pdf.

38 Vgl. von Fournier, Cay: UnternehmerEnergie, Wiesbaden 2011, S. 121.

39 Studie „Brands ahead – Zukunftsfähigkeit der Marke", TNS Infratest und Grey Deutschland, 2015.

40 Defacto Research & Consulting GmbH & absatzwirtschaft: Studie „Nachhaltigkeit 2015", vgl. auch www.defacto-research.de (Menüpunkt „Studien").

41 Zur unternehmensinternen Bedeutung von Marken vgl. Wala, Hermann: Meine Marke: Was Unternehmen authentisch, unverwechselbar und langfristig erfolgreich macht, Redline 2014.

42 In Anlehnung an: von Fournier, Cay: UnternehmerEnergie, Wiesbaden 2011, S. 130ff. sowie von Fournier, Cay: UnternehmerEnergie, Seminarunterlagen.

43 Bittner, Gerhard/Schwarz, Elke: Emotion Selling, Wiesbaden 2014.

44 Zeug, Karin: Süchtig nach Anerkennung, in: Die Zeit Nr. 04/2013.

45 Das persönliche Gespräch mit Hadi Teherani fand auf einem gemeinsamen Flug von Hamburg nach Palma statt.

46 Langner, Tobias/Schmidt, Jenniger/Fischer, Alexander: Is it really love? A comparative investigation of the emotional nature of brand and interpersonal love, in: Psychology & Marketing 2015.

47 Hierzu sowie im Folgenden: von Fournier, Cay/Danne, Silvia: Anders und nicht artig. Neue Wege der Unternehmenspositionierung, 2. Aufl., Linde 2014, S. 94ff.

48 von Fournier, Cay: Die 10 Gebote für ein gesundes Unternehmen – Wie Sie langfristigen Erfolg schaffen, 2., erweiterte Aufl., Campus, 2010.

49 Zum Beispiel das Dreieck Marke-Positionierung-Differenzierung von Kotler et al. (vgl. Kotler, Philip/Kartajaya, Hermanwan/Den Huan, Hooi/Lu, Sandra: Rethinking Marketing: Sustainable Marketing Enterprise in Asia, Pearson Education Asia, 2002.) und dessen Weiterentwicklung zum 3i-Modell (vgl. Kotler, Philip/Kartajaya, Hermawan/Setiawan, Iwan: Die neue Dimension des Marketings – vom Kunden zum Menschen, Campus 2010), das die Grundlage zur Weiterentwicklung zum mi-Modell bildete. Das mi-Modell habe ich gemeinsam mit Cay von Fournier in unserem Buch „Anders und nicht artig" entwickelt. Vgl. von Fournier, Cay/Danne, Silvia: Anders und nicht artig. Neue Wege der Unternehmenspositionierung, 2. Aufl., Linde 2014, S. 93ff.

50 Wiedmann, K. P.: Markenpolitik und Corporate Identity, in: Bruhn, Manfred (Hrsg.): Handbuch Markenartikel (Bd. 2), Stuttgart 1994.

51 Burmann, Christoph/Blinda, Lars/Nitschke, Axel: Konzeptionelle Grundlagen des identitätsbasierten Markenmanagements, Arbeitspapier Nr. 1 des Lehrstuhls für innovatives Markenmanagement (LiM), Burmann, Christoph (Hrsg.), Universität Bremen 2003.

52 Aaker und Joachimsthaler führen in diesem Zusammenhang fünf Fragen an, die bei der Identifikation der relevanten Identitätskomponenten unterstützen können. Aaker, David A./Joachimsthaler, Erich: Brand Leadership, New York (u.a.) 2000.

53 Goodyear, Mary: Marke und Markenpolitik, in: Planung und Analyse, Heft 3, 1994.

54 Perrey, Jesko/Meyer, Thomas: Mega-Macht Marke, McKinsey Perspektiven, Redline Wirtschaft, 3. Aufl. 2010.

55 Sattler, Henrik/Högl, Siegfried/Hupp, Oliver: Evaluation of the Financial Value of Brands, in: Excellence in International Research, 4. Jg., ESOMAR (Hrsg.) 2003.

56 Zu starken Marken und was sie heute wirklich brauchen vgl. Berndt, Jon Christoph/Henkel, Sven: Brand New. Was starke Marken heute wirklich brauchen, 2. Aufl., Redline 2014.

57 IMK, MDR: Deutschlands vertrauenswürdigste Marken, 2015; Reader's Digest „Trusted Brands 2015", 2015.

58 Meffert, Heribert: Was macht eine Marke aus? Identitätsorientierte Markenführung als Fundament, in: Meffert, Heribert (Hrsg.): Erfolgreich mit den Großen des Marketing, Campus 2009.

59 Meffert, Heribert: Was macht eine Marke aus? Identitätsorientierte Markenführung als Fundament, in: Meffert, Heribert (Hrsg.): Erfolgreich mit den Großen des Marketing, Campus 2009.

60 Kroeber-Riel, Werner: Bildkommunikation. Imagerystrategien für die Werbung, München 1995.

61 Kroeber-Riel, Werner: Unternehmen erzeugen in ihrer Kommunikation einen Bildersalat, absatzwirtschaft 03/1994.

62 Vgl. hierzu auch von Fournier, Cay/Danne, Silvia: Anders und nicht artig. Neue Wege der Unternehmenspositionierung, 2. Aufl., Linde 2014, S. 94ff.

63 Neil Borden verwendete den Begriff „Marketing Mix" 1953 in einer Rede als Präsident der American Marketing Association. Die „vier Ps" wurden später von Jerome McCarthy eingeführt: McCarthy, Jerome: Basic Marketing: A Managerial Approach. Richard D. Irwin, Inc., Homewood, Illinois, 1960.

64 Kotler, Philip/Kartajaya, Hermawan/Setiawan, Iwan: Die neue Dimension des Marketings – vom Kunden zum Menschen, Campus, 2010.

65 Beinhocker, Eric/Davis, Ian/Mendonca, Lenny: The Ten Trends You Have to Watch, Harvard Business Review, Juli/August 2009.

66 www.financialtrustindex.org.

67 Interview von Dr. Silvia Danne mit Prof. Dr. Dr. h.c. mult. Meffert aus: von Fournier, Cay/Danne, Silvia: Anders und nicht artig. Neue Wege der Unternehmenspositionierung, 2. Aufl., Wien 2014, S. 49ff.

68 The Nielsen Company: Personal Recommendations and Consumer Opinions posted online are most trusted Forms of Advertising globally, 7. Juli 2009.

69 Trendstream/Lightsspeed Research, Global Web Index, 2009.

70 Dieser Gedankengang ist auf der Grundlage unseres gemeinsamen Buches „Anders und nicht artig" in Diskussionen mit Cay von Fournier entstanden.

71 Reeves, Rosser: Reality in Advertising, Knopf 1961.

72 Simon, Hermann: Schaffung und Verteidigung von Wettbewerbsvorteilen, in: Simon, Hermann (Hrsg.): Wettbewerbsvorteile und Wettbewerbsfähigkeit, Schäffer 1988, S. 1-17; Backhaus, Klaus/Voeth, Markus: Industriegütermarketing, 10. Aufl., Vahlen 2014, S. 13ff.

73 Meffert, Heribert/Burmann, Christoph/Kirchgeorg, Manfred: Marketing. Grundlagen marktorientierter Unternehmensführung, 11. Aufl., Gabler 2012, S. 57 f.

74 Reeves, Rosser: Reality in Advertising, Knopf 1961; Ries, Al/Trout, Jack: Positioning. The Battle for your Mind, McGraw-Hill 2001, S. 19f.

75 Meffert, Heribert/Burmann, Christoph/Kirchgeorg, Manfred: Marketing. Grundlagen marktorientierter Unternehmensführung, 11. Aufl., Gabler 2012, S. 271.

76 Die Loyalität und Weiterempfehlungsquote von Love Brands ist sehr viel höher als die von „normalen" Marken.

77 Havas Worldwide: Hashtag Nation: Marketing to the Selfie Generation, 2014.

78 Edelmann: brandshare - it pays to share: Germany findings, 2013.

79 www.alexa.com/topsites.

80 Ogilvy: Why we share, Global Study by Social@Ogilvy, 2013.

81 www.blog.livefyre.com/adweek-webinar-time-reboot-social-strategy, 6.3.2015.

82 Steimel, Bernhard: Marken-Communities ein Mittel gegen den Facebook-Frust? absatzwirtschaft, 12.12.2014, online unter: www.absatzwirtschaft.de/marken-communitys-ein-mittel-gegen-den-facebook-frust-40761.

83 Studie der Universität Zürich in Zusammenarbeit mit Lithium: Challenges and Opportunities of Social Business Solutions, Zürich 2014.

84 www.blog.livefyre.com/adweek-webinar-time-reboot-social-strategy, 6.3.2015.

85 Horx, Matthias: Sensual Society. Die neuen Märkte der Sinn- und Sinnlichkeitsgesellschaft, 2003.

86 www.plant-for-the-Planet.org.

87 www.reset.org.

88 Bräutigam, Thiemo: Fünf Tipps für erfolgreiche Co-Creation Projekte, Gastbeitrag vom 4. März 2015 für „Der deutsche Innovationspreis", online unter: www.der-deutsche-innovationspreis.de/blogliste/das-aktuelle/einzelansicht/article/gastbeitrag-fuenf-tipps-fuer-erfolgreiche-co-creation-projekte.html.

89 Edelmann: brandshare - it pays to share: Germany findings, 2013.

90 www.coca-cola-deutschland.de/home.

91 Schwerdt, Yvette: Die Markenstory mit Kunden gestalten, in: absatzwirtschaft, 4/2015, S. 14.

92 Hierzu sowie im Folgenden Steimel, Bernhard: Marken-Communities - ein Mittel gegen den Facebook-Frust, absatzwirtschaft, 12.12.2014.

93 Steimel, Bernhard: Marken-Communities - ein Mittel gegen den Facebook-Frust, absatzwirtschaft, 12.12.2014.

94 Edelmann: Markenstudie Brandshare 2014 - Bindungswilliger Konsument sucht Marke, die ihn wertschätzt, 2014.

95 Steimel, Bernhard: Marken-Communities - ein Mittel gegen den Facebook-Frust, absatzwirtschaft, 12.12.2014.

96 Statistika: Top 10 Online-Communitys in Deutschland, aktuelle Umfrage 2015, www.de.statista.com/statistik/daten/studie/182885/umfrage/top-10-online-communitys-in-deutschland.

97 www.webguerillas.com/en#!business/social-pr/pr-news/marken-analyse-audi-umgarnt-die-social-web-user-am-besten.

98 www.wertemarken.de.

99 Nielsen GT1 (LEH+DM+Impuls+Tank.+BAB).

100 Der Bericht wurde von der Wirtschaftsberatung Deloitte zertifiziert und erneut von der Global Reporting Initiative (GRI) mit dem höchstmöglichen Level A+ bewertet. Mehr Informationen zum CSR-Engagement von Ferrero unter ferrerocsr.com.

101 GfK: Posttest Ad Tracking, 2012.

102 Die nachfolgenden Passagen zur neuen Kampagne sind zu wesentlichen Teilen der Effie-Einreichung 2013 von Heimat & OTTO entnommen (GWA 2014 (Hg): Effie Silber-Case 2014: OTTO GmbH & Co. KG, gefunden auf otto.de).

103 www.porsche.com/germany/aboutporsche/principleporsche.

104 Das persönliche Gespräch wurde in Stuttgart geführt.

105 www.youtube.com/watch?v=6WfYIZw7Wnw.

106 www.youtube.com/watch?v=At2NtkGUM4E; www.youtube.com/watch?v=XYWrLoJpxvY.

107 www.dhl.de/de/paket/pakete-empfangen/packstation/community-nuetzliches/superkunden.html.

108 Das Expertengespräch wurde am 23. April 2014 in München geführt.

109 Zitat Thomas Eisentraut, Wissenschaftlicher Volontär am Landesmuseum Schloss Gottorf.

Impressum

Bibliografische Information der Deutschen Nationalbibliothek

Die Deutsche Nationalbibliothek verzeichnet diese Publikation in der Deutschen Nationalbibliografie; detaillierte bibliografische Daten sind im Internet über http://dnb.d-nb.de abrufbar.

ISBN 978-3-7093-0604-8

Es wird darauf verwiesen, dass alle Angaben in diesem Werk trotz sorgfältiger Bearbeitung ohne Gewähr erfolgen und eine Haftung der Autorin oder des Verlages ausgeschlossen ist.

Umschlaggestaltung: Verena Lorenz, München

Layout & Satz: Verena Lorenz, München

Bildnachweis: S. 14 Pfeile-Illustration The Logo Design Toolbox, Alexander Tibelius, S. 16 Florian Jaenicke, S. 19, 29, 44, 76, 92, 96, 101, 107, 117, 119, 122, 135, 159, 175, 208, 212, 228, 243, 244 Verena Lorenz, S. 21 picsfive, fotolia, S. 24, 152 Levente Janos, Fotolia, S. 31, 151, 168 Mark Weiss Fancy, S. 34, 35, 49, 51, 56, 61, 74, 78, 81, 82, 86, 94, 104, 133, 146, 164, 219 Verena Lorenz und vadimmmus, fotolia, S. 39,41 vadimmmus, fotolia, S. 42 BillionPhotos. com, fotolia, S. 47 Images Radius Radius, F1online, S. 52 Verena Lorenz und namosh, fotolia, S. 59 Jean-Remy von Matt, S. 59 (Engel) Verena Lorenz und vadimmmus, spoorloos fotolia, S. 70 Verena Lorenz und The Map Design Toolbox, Alexander Tibelius, S. 89 Becker, fotolia, S. 98 Barry Downard Ikon Images, F1online, S. 103 Sansibar, S. 112 Fotograf: Roger Mandt, Hamburg, S. 115, 194, 197, 199 Dr. Ing. h.c. F. Porsche AG, S. 127 ktsdesign, fotolia, S. 128 Atomic Imagery Diamond, F1online, S. 131 ktsdesign, fotolia,S. 139 Mark Weiss Fancy, S. 140 Verena Lorenz und spoorloos, fotolia, S. 156 vege, fotolia, S. 176, 177, 180 Ferrero, S. 184, 186, 190 Otto, S. 203, 204 DHL, S. 210 HiPP, S. 215 spoorloos, fotolia, S. 217 KALDEWEI, S. 224 Verena Lorenz und namosh, fotolia, S. 226 GfG Gruppe für Gestaltung, S. 231 Tuomi und rdnzl, fotolia, S. 234 Michael Zargarinejad, S. 236 4x6, istockfoto

© LINDE VERLAG Ges.m.b.H., Wien 2015

1210 Wien, Scheydgasse 24, Tel.: 01/24 630

www.lindeverlag.de | www.lindeverlag.at

Druck: Druck und Bindung: PBtisk a.s.

Dělostřelecká 344, 261 01 Příbram, Tschechien – www.pbtisk.eu

DR. SILVIA DANNE

EMPOWERING YOUR BRAND

Consultant & Speaker

silvia@drdanne.de

Ab 1991 studierte Silvia Danne Marketing und Internationales Management in Münster, arbeitete von 1996 bis 2000 als Assistentin bei Prof. Dr. Dr. h.c. mult. H. Meffert und promovierte bei ihm am Institut für Marketing

2000 stieg sie als Managerin bei der *Gruner +Jahr AG & Co KG* in den Bereichen Anzeigen, Multimedia und Business Development ein.

2003 wurde sie Leiterin der Medien- & Marketingkooperationen bei der *Tchibo GmbH* und Herausgeberin des Tchibo-Magazins.

2005 gründete sie die *Dr. Danne Medien & Marketing GmbH.* Als Medien- & Marketing-Expertin berät sie v.a. Unternehmen aus der Konsumgüter- und Dienstleistungsbranche.

BERATERIN

Als *Beraterin* entwickelt Silvia Danne Marketing-Konzepte und unterstützt Unternehmen bei dem Thema Markenmanagement. Sie entwickelt und realisiert innovative Kommunikationskonzepte, Akquisitions- und Verkaufsstrategien und berät bei der Positionierung von Unternehmen und Marken.

SPEAKERIN

Als *Speakerin* begeistert sie mit provokanten Thesen zu aktuellen Marketing-Trends sowie mit innovativen Marketing-Konzepten, deren Erfolg sie anhand von Beispielen aus der Praxis belegt. Sie inspiriert mit fundiertem Know-how, hohem Praxisbezug und unermüdlicher Leidenschaft, gibt Impulse und regt zum Umsetzen an.

AUTORIN

Als *Autorin* inspiriert sie die Leserinnen und Leser mit wertvollen, innovativen und teils provokativen Impulsen. Auf Basis ihrer praktischen Erkenntnisse liefert sie neue Ansätze und Gedanken für das Marketing des nächsten Jahrzehnts - wie beispielsweise in ihren Publikationen „ANDERS und nicht ARTIG" sowie „LOVE BRANDS".

Silvia Danne reist gern und interessiert sich für Kulturen, genießt guten Wein und gepflegtes Essen, liebt das Meer genauso wie Joggen & Golfen und lebt in Hamburg sowie in Palma.